“十三五”国家重点图书出版规划项目
改革发展项目库2017年入库项目

“金土地”新农村书系·果树编

春甜橘

优质丰产栽培彩色图说

◎曾令达／主编

SPM 南方出版传媒
广东科技出版社｜全国优秀出版社
·广　州·

图书在版编目（CIP）数据

春甜橘优质丰产栽培彩色图说 / 曾令达主编．—广州：广东科技出版社，2017.5

（“金土地”新农村书系·果树编）

ISBN 978-7-5359-6545-5

Ⅰ．①春…　Ⅱ．①曾…　Ⅲ．①橘—果树园艺—图解　Ⅳ．① S666.2-64

中国版本图书馆CIP数据核字（2016）第156670号

春甜橘优质丰产栽培彩色图说

Chuntianju Youzhi Fengchan Zaipei Caise Tushuo

责任编辑：尉义明

装帧设计：创溢文化

责任印制：彭海波

出版发行：广东科技出版社

（广州市环市东路水荫路 11 号　邮编：510075）

http：//www.gdstp.com.cn

E-mail：gdkjyxb@gdstp.com.cn（营销）

E-mail：gdkjzbb@gdstp.com.cn（编务室）

经　　销：广东新华发行集团股份有限公司

印　　刷：珠海市鹏腾宇印务有限公司

（珠海市拱北桂花北路205号桂花工业村 1 栋首层　邮政编码：519020）

规　　格：889mm × 1 194mm　1/32　印张 5　字数 130 千

版　　次：2017 年 5 月第 1 版

2017 年 5 月第 1 次印刷

定　　价：29.80 元

《春甜橘优质丰产栽培彩色图说》编委会

编写单位：惠州学院

仲恺农业工程学院

主　　编：曾令达

副 主 编：黄建昌

参编人员：肖　艳　赵春香

李　娟　梁关生

主编简介 Editor Profile

副教授，华南农业大学硕士，华南师范大学在职博士研究生。1997 年 7 月至今在惠州学院生命科学系任教。2010 年 6 月至 2014 年 7 月任惠州学院生命科学系兼职科研秘书。2012 年 2 月至 2012 年 7 月为华南师范大学国内访问学者，进行植物抗逆机理的研究。2014 年 7 月至 2015 年 1 月为 Australian National University（ANU）国际访问学者，从事光合作用机理研究。

Preface 前 言

柑橘是世界四大水果（葡萄、柑橘、香蕉、苹果）之一，果实含有丰富的矿物质、有机酸和多种维生素，特别是维生素C的含量比较高，每100克果汁含维生素C 25~80毫克，不但风味好，营养价值高，还具有润肺健脾、定喘止咳、化痰消气、生津止渴的功效，常食用有益身体健康。

柑橘全身是宝，在人们生活中也备受青睐，具有很高的经济价值。广东地处南亚热带、中亚热带，阳光充足，雨量充沛，气温较高，少有冻害发生，是我国柑橘生产的适宜区域之一，具有发展柑橘生产良好的环境条件。广东柑橘品种特色鲜明，在国内外市场上享有盛誉。

春甜橘是迟熟柑橘优良品种，具有优质、高产、迟熟（春节前后成熟）等优良特性，果实皮薄汁多、低酸清甜、果肉脆嫩、化渣、少核或无核，也是顺应国际柑橘鲜果发展潮流、符合柑橘产业发展方向的优良鲜食品种。为促进春甜橘的生产发展，有利于种植者了解春甜橘的生长发育规律和栽培特性，掌握现代春甜橘生产管理技术，我们在总结多年研究与生产实践的基础上，参考春甜橘主要产区和其他产区的先进生产经验，结合生产实际编写了本书。本书采用图文并茂的形式，介绍了春甜橘的形态特征与生长发育特性、对环境条件的要求、苗木培育、建园与定植、果园管理和病虫害防治及果实采收与商品化处理等内容。

本书作者在编写过程中参阅引用了相关参考资料，在此对相关的作者表示感谢！由于作者实践和理论水平有限，书中缺点和不足之处在所难免，敬请读者批评指正。

编　者

2017 年 1 月

Contents 目录

第一节　形 态 特 征

一、根

春甜橘以嫁接繁殖为主，砧木的根是由种子的胚根生长发育而成的。胚根垂直向下生成为主根，在主根上着生许多支根，统称侧根。主根和各级大侧根构成根系的骨架，称骨干根。横向生长与地面几乎平行的侧根称水平根，向下生长与地表几乎垂直的根称垂直根。在骨干根和侧根上着生许多细小的根称须根，生长健壮的植株须根发达，须根上一般无根毛，而吸收营养靠的是土壤中寄生的真菌

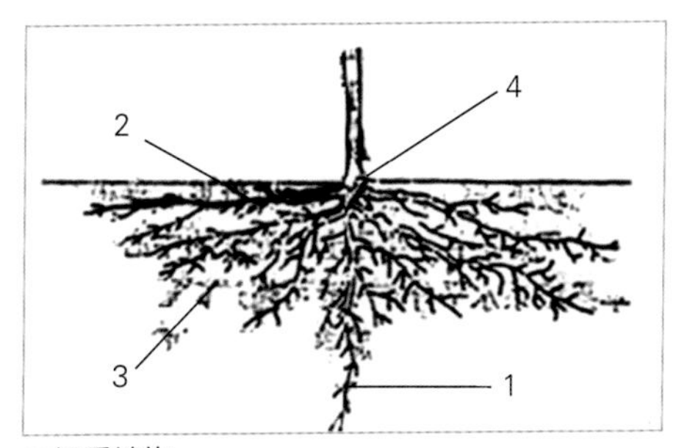

根系结构
1. 垂直根；2. 水平根；3. 须根；4. 根颈

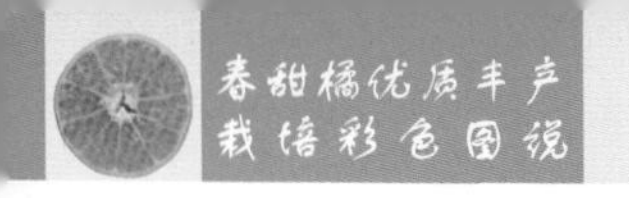

与其共生形成的菌根。

二、芽和枝梢

春甜橘的芽为裸芽，芽的外面没有鳞片，只有肉质的先出叶——苞片包着，每片先出叶的叶腋有一副芽，因而芽为复芽。芽在10℃以上开始萌发抽梢，停止生长后，顶端1~4个芽会出现离层而脱落，称为“自剪”。顶芽自剪后出侧芽替代顶端分生组织继续生长，使枝梢呈“S”形生长。花芽和叶芽在形态上没有明显区别。叶芽萌发后形成营养枝，花芽是由叶芽原始体在一定条件下发育转变而成的。

春甜橘枝梢一年可发枝3~5次，按季节可分为春梢、夏梢、秋梢和冬梢。新梢可分花枝和营养枝两种。花枝分有叶花枝和无叶花枝，花枝开花后结成果实的称结果枝，着生结果枝的枝梢称结果母枝，有叶花枝上的花或果脱落后叫落花落果枝。营养枝为不着生花的枝条，营养枝抽出后只长枝叶不开花，继续发育生长延伸，扩大树冠。由隐芽抽出的枝，长势特别旺盛，枝长叶大，节间长，这种营养枝称为徒长枝。

枝干结构

春甜橘长势强壮，着生在主干或主干延长枝上的分枝称为主枝或 1 级分枝，由主枝上分生的大侧枝称 2 级分枝，在 2 级分枝上着生的侧枝称 3 级分枝，依此类推。主枝和大侧枝构成树冠的骨干枝，在骨干枝上着生许多小侧枝，构成枝组。

三、叶

春甜橘的叶由叶身、叶柄和叶翼三部分组成，称单身复叶。叶片椭圆形，叶基狭楔形，叶缘有锯齿，叶的先端凹口较深，叶背叶脉稍明显，翼叶不明显，线性。嫩叶黄绿色，后期深绿色。春叶面积最小，夏叶最大，叶片大小与土壤肥料、水分是否充足有很大的关系，叶片表面尤其叶背有很多气孔。

新叶

成熟叶片（左为叶面，右为叶背）

四、花

春甜橘的花由花梗、花萼、花瓣、雌蕊、雄蕊等构成，花瓣 3~6 枚，花为白色的完全花，能自花授粉结实。春甜橘的花枝主要类型为无叶花序枝、有叶单顶花枝、腋花果枝和有叶花序枝，其中以腋花果枝结果性能最好。

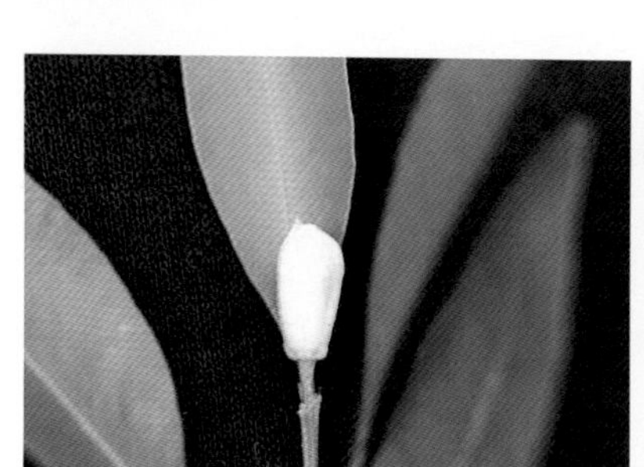
花蕾

花

有叶单顶花枝

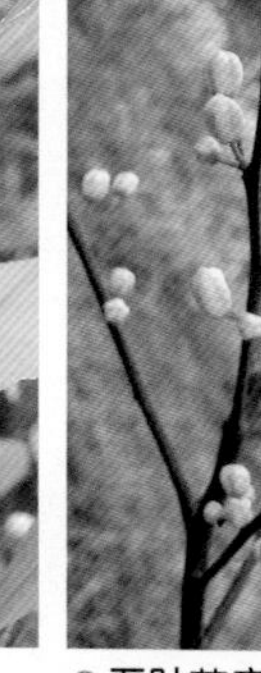
无叶花序枝

有叶花序枝

腋花果枝

五、果实

春甜橘的果实由子房发育而成，由果皮、果肉和种子等组成，果皮分为外果皮和中果皮。子房的外壁发育成果实的外果皮即油胞层（色素层）；子房中壁发育为内果皮即海绵层；子房的内壁发育成瓤囊，为内果皮，瓤囊内有汁胞。果肉由瓤囊和囊内组成，即春甜橘的可食部分。种子在瓤囊内，由子房内

果实

结果多，枝条较细小，常使结果枝下垂

的胚珠发育而来。胚珠发育时退化则果实无种子。春甜橘果实扁球形，成熟时果皮橘黄色、薄、有光泽，油胞平，种子少或无。

第二节　生长发育特性

一、根

根系的分布与砧木种类、繁殖方法、土壤质地、地下水位高低以及农业技术措施有关。一般环境根系分布深约 1.5 米，以表土下 10~40 厘米的土层分布多且密，约占全根量的 80%。

根系生长需适当的土壤温度。根系在土壤温度 12℃时开始生长，适宜的土壤温度为 25~31℃，土壤温度降到 7.2℃即失去吸收能力，叶开始萎蔫。土壤温度达 37℃以上时，根生长极微弱以至停止，地上部的生长及光合作用均不良，土壤温度 40℃以上时根群死亡。

根系生长适宜的土壤湿度，一般为土壤最大饱和含水量的60%~80%。新根生长要求土壤空隙含氧量在8%以上，当含氧量低于4%时新根不能生长，老根也会腐烂。

根系在一年中有几次生长高峰，与枝梢生长高峰成相互交替的关系。在广东冬、春季气温回暖，土壤温度、湿度较高，春梢萌发前根已开始生长，当春梢大量生长时，根群生长微弱，春梢转绿后根群生长又开始活跃，至夏梢发生前达到生长高峰，以后在秋梢大量发生前及转绿后又出现根的生长高峰。成年的结果树，新根与新梢生长和当年结果有密切的关系，结果多的丰产年份新根生长减弱。栽培上可通过深翻改土，创造根系生长的良好条件；也可通过控梢、修剪、调节结果量及肥水管理等措施，使枝梢、花果、根系三者均衡生长发育，达到高产、稳产的目的。

二、枝梢

春甜橘一年能多次抽梢，依据发生时期可分为春梢、夏梢、秋梢、冬梢。由于季节、温度和养分吸收不同，各次新梢的形态和特性各异。枝梢长度与肥水管理水平和树势相关，一般长16~30厘米。

1. 春梢

2—4月抽发，在2月上旬放春梢。春梢是一年中最重要的枝梢，数量多而整齐，病虫害少，因气温低，生长慢，故枝条短而充实，节间短，叶片小，为良好的结果母枝。培养健壮春梢，结果盛期或后期的树春梢长势要好，顶端结果枝比例才能增加，坐果率才能提高。

2. 夏梢

5—7月抽发，在4月下旬放早夏梢，7月上旬放晚夏梢，夏梢量少而不整齐，因时值高温多雨季节，枝条生长旺盛、枝条粗长，

春梢

夏梢

秋梢

叶大而厚，翼叶较大或明显，叶端钝。幼年树可充分利用夏梢培养骨干枝和增加枝数，加速形成树冠，提早结果。发育充实的夏梢可成为来年的结果母枝，但夏梢大量萌发往往会加剧落果，对青壮年结果树要及时摘除夏梢。

3. 秋梢

8—10 月抽发，在 9 月上旬放秋梢，秋梢量多而较整齐，枝条粗细、长短介于春、夏梢之间，为重要的结果母枝。晚秋梢因生育期短，或不能完全老熟，营养积累少，质量差，不完全花多，应控制其发生，但在暖冬年份还有可能成为良好的结果母枝。生产中要及时放秋梢和加强肥水管理，适当增施磷、钾肥。

4. 冬梢

一般不抽发，量少，不整齐，梢短，叶片色浅，因温度低而不易老熟。广东地区由于冬梢发生期处于温度低且干旱的季节，枝梢短小细弱，容易发生冻害，还会因它的抽生减少秋梢的养分积累，会影响作为结果母枝的秋梢的花芽分化，但少数冬梢能显蕾开花结出冬果。栽培上要控制冬梢的发生，在 12 月以后连基部剪除，或在翌春开花时无花才从基部剪除。

三、叶

春甜橘的叶片是贮藏养分的重要器官，叶片贮藏全树 40% 以上的氮素及大量的碳水化合物。叶片生长初期为黄绿色，叶绿素含量少，光合能力低，主要是消耗养分，随着叶面积扩大，逐渐转绿，光合效能才逐渐提高，绿色转深时，光合效能最大，可供应光合产物。二年生老叶的光合性能不如新叶。

正常叶寿命一般为 17~24 个月。叶片寿命长短与养分、栽培条件有密切的关系，在一年中当新梢萌发后有大量老叶自叶柄基部脱落，以春季开花末期落叶最多。外伤、药害或干旱造成的落叶，多是先落叶身，后落叶柄。

四、花

春甜橘的花芽为混合花芽，即在结果母枝上已完成花芽分化的芽萌发为春梢，并在其上开花。在花芽分化期间可通过控水、断根减少植株对水分的吸收，促进花芽分化。春甜橘于 2 月下旬开始现蕾，3 月底进入盛花期，清明前后谢花。在冬季果实成熟前后至第 2 年春季萌芽前进行花芽分化。花芽分化的时期与当年气候、品种、树势和结果量等条件有关。秋季气温较高，冬季低温干旱，花芽分化早。

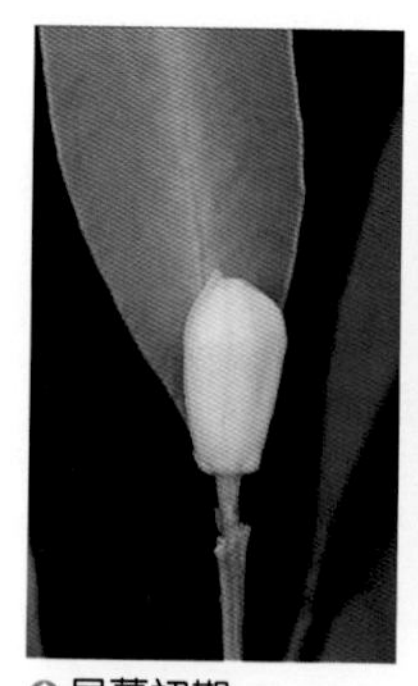
显蕾初期

显蕾后期

开花

谢花

花量大，叶片少，养分消耗多，落花严重

花量适中，有效花多，坐果率高

五、果实

果实的发育从雌蕊形成，出现子房原基时开始，果实生长通常呈现“S”或“双 S”形曲线。春甜橘果实自谢花后子房成长至成熟要 9 个月左右。春甜橘坐果率高，很多母枝结有 5~6 个果，最多可结 10 个。第 1 次生理落果期在谢花后的 7~15 天，第 2 次生理落果期在 5 月中旬。春甜橘结果的主要特征是高产、迟熟，果实在 12 月下旬开始转色，翌年 1 月底至 2 月初成熟，也可推迟到 3 月中旬采收。春甜橘早结性好，有些定植后 2 年就开花结果，单株产量平均为 3.5 千克，最高达 9.6 千克。

春甜橘结果性能良好，坐果率比较高

六、生命周期

春甜橘为多年生植物，在生产上，其嫁接苗从种植到衰老一般要经过幼树期、结果初期、结果盛期、结果后期和衰老期等，在不同时期树体生长发育及开花结果不同，管理要求也不相同，深入了解其生命周期的变化特点，是制订相关配套栽培技术措施的重要参考依据。

1. 幼树期

种植后到第 1 次结果前的一段时期，是树体骨干枝发育形成和根系扎根时期，一般嫁接树的幼树期为 1~2 年。幼树期树体发梢次数多，直立性强，生长旺盛，停止生长晚。枝梢生长到第 4 级分枝后，即可形成花芽。幼树期应加强肥水管理，为形成预定树形和开花结果创造条件。

一年生幼树

二年生幼树

2. 结果初期

从第 1 次结果到开始有一定产量止，一般嫁接树为 3~5 年。结果初期新梢和根系生长旺盛。结果初期的果实较大，味较淡，皮稍厚，着色稍迟。这一时期的主要栽培技术措施是加强根系和树冠的培育，提高树体结果能力，提升单位面积产量。

三年生初结果树

四年生结果树

3. 结果盛期

高产稳产期到产量开始连续下降的时期，正常情况下从第 6 年开始持续到数十年，甚至更长时间。结果盛期骨干枝生长停止，全面发生小侧枝，枝条和根系生长受到抑制，生长量小，发梢次数少，树冠达到最大限度，营养生长与生殖生长相对平衡，果实产量稳定上升到一定程度后能够基本维持较高的水平，是获得效益的最主要时期。结果盛期要注意加强土壤管理和树体保护，适时施入足够肥料，适当修剪和更新侧枝，维持营养生长与生殖生长的相对平衡，延长丰产期限。

结果盛期树（八年生）

4. 结果后期

高产稳产状态逐渐下降到几乎无经济收益为止。结果后期树体逐渐老化，开花结果消耗养分多，贮藏物质少，产量逐年下降。要注意加强树体养护，通过修剪更新树冠，减缓产量下降速度。

5. 衰老期

产量降低到几乎无收益及树体死亡。衰老期新梢生长减弱，骨干枝、骨干根大量死亡，结果越来越少。衰老期要加强氮肥的供应和修剪更新，进行土壤深耕施肥，促生壮枝和根系复壮，延长植株结果寿命。如果果实产量已经低到无经济效益，应当及时砍除，重新建园。

七、主要物候期

物候期是指一年的生长发育所经历的时期，了解物候期的变化对制订相应的栽培管理措施有重要参考作用。春甜橘的物候期一般可分为萌芽期、枝梢生长期、开花期（现蕾期、初花期、盛花期和谢花期）、落果期（第 1 次生理落果期、第 2 次生理落果期和采前落果期）、果实发育期、果实成熟期等。

1. 萌芽期

萌芽期是从芽苞裂开到芽体伸出为止。

2. 枝梢生长期

枝梢生长期是从伸出芽苞的芽体生长形成嫩枝到枝梢停止生长。一般一年中有春梢、夏梢、秋梢、冬梢四个生长期，每次枝梢停止生长，顶芽自枯脱落，这段时期称为枝梢自剪期。

枝梢芽体萌动期

嫩梢抽出期

展叶期

枝梢老熟期

3. 开花期

开花期是从花蕾抽出到花朵凋谢为止，可分为现蕾期、初花期、盛花期和谢花期。一般生产上，有 5% 的花开放时为初花期，25%~75% 的花开放为盛花期。开花期间管理上采用喷施硼砂等措施，可以有效提高春甜橘授粉受精水平，增加产量。

现蕾期　初花期　盛花期　谢花期

4. 落果期

果实脱落时期为落果期，包括第 1 次生理落果期、第 2 次生理落果期和采前落果期。谢花后幼果连果柄脱落为第 1 次生理落果期；幼果发育 35 天左右后出现脱落为第 2 次生理落果期；果实接近成熟时出现落果为采前落果期。落果期间，要采取如控制夏梢、

谢花后第 1 次生理落果［左为带蒂脱落（潘文力　供），右为不带蒂脱落］

加强肥水管理、喷施植物生长调节剂等措施稳定坐果，加强病虫害防治、减轻逆境为害和适时采收等措施防止采前落果。

第2次生理落果

5. 果实发育期

果实发育期是从子房膨大开始到果实发育完全、果面转色为止。加强肥水管理和病虫害防治是保证果实发育良好的重要措施。

子房膨大

幼果发育期

果实迅速膨大期

果实停止膨大

6. 果实成熟期

果实成熟期是从果面开始转色到果肉品质（可溶性固形物含量等）达到成熟标准为止。果实成熟期间要采取措施预防采前落果，适时采收以达到最优品质。

果实成熟

第三节　对环境条件的要求

春甜橘对广东大部分地区的生态条件有较好的适应性，也可适应广西的部分地区，但在不同的环境条件下果实产量和品质均有所差异。了解环境条件对春甜橘生长发育的影响，选择优良的生态环境，适地适栽，对于实现春甜橘高效优质生产有重要作用。

一、温度

温度是影响春甜橘种植和分布的主要因素。春甜橘原产于南亚热带，生长最适温度为23~29℃，低于13℃或高于37℃就停止生长。经济栽培要求年平均无霜期在300天以上，年平均温度20~22.5℃，大于或等于10℃的年有效积温6 500~7 800℃。若年平均温度和积温不足，会影响春甜橘的正常生长和结果。春甜橘可以耐受的极端低温为–2℃，但由于果实成熟晚，容易受到冬季低温的影响，如果成熟期间温度降到–1℃以下，果实出现受冻，若加冻雨，受冻会更加严重，需要采取防冻护果措施。因此，容易出现冬季低温冻雨的地方，在果实成熟期间应当密切注意天气变化，及时采收。不同地区温度条件不同，春甜橘果实品质表现也有差异，温度偏低时，酸含量有所增加。如在广西桂林，春甜橘2月成熟，如果果实留树到3月中旬，则会出现明显的返青现象，风味也变淡。

二、水分

春甜橘表现忌高湿，低洼地种植常表现为生长不良、烂根、落叶，甚至整株整园死亡，故选园首忌高湿低洼地。坡地种植表现较好，易于早结丰产，但要保证在干旱季节有条件供水，否则过度干旱会导致花芽发育不全，导致来年几乎不坐果。在栽培过程中应根据不同季节控制水分，春季要保持湿润；夏、秋季要做好排涝防渍，雨天切忌畦面积水，遇旱要及时灌溉，保持土壤湿润状态，保证秋梢充实生长和果实发育有正常水分供应；冬季根群处于半休眠状态，应适当控水，降低土壤湿度，保持根群，抑制冬梢，提高树液浓度，促进花芽分化。

春甜橘根群大部分处于表土层，特别是水田种植，根系只能在表土层生长，因此，畦旁水沟应常年控制在一定水位线之下，避免下部根系受浸烂根。山地种植，有条件的应开沟压绿，埋施有机质肥，提高土壤肥力，促发根系深生。根系喜好新土，要逐年清沟培土，增厚土层，有条件的地方，每年要客土 1 次，改善土壤结构。

三、光照

春甜橘虽耐阴，但要高产优质仍需有较好的光照。光照是春甜橘生长结果必要的光照来源，是春甜橘叶片进行光合作用不能缺少的条件，直接影响植株的生长、产量和品质。春甜橘在日照较长的情况下对氮的利用率较高，光照足，叶小而厚，含氮、磷也较高，枝干壮实，果实长得快、大，品质好。光照条件不良或栽培过密，树冠严重交错，则枝梢细弱不充实，不易形成花芽，结果少，果实发育慢且着色不良，果形小，品质差，病虫害较多。若光照太强，也不利于春甜橘生长，叶片易受伤害，树冠向阳处的果实或暴露的粗大枝干易受日灼伤害。

四、土壤

春甜橘对土壤适应性较广，微酸性、较肥沃的壤土、沙质壤土或砾质壤土的丘陵山地、水田均可种植。土壤有机质含量多少对其生长发育影响较大，因有机质是春甜橘有机营养的主要来源，是土壤形成团粒结构的重要因素，是土壤肥力的重要标志。丰产园要求土壤的有机质含量在 3% 以上，最好能达到 5%，所以深耕改土需加入大量有机质，每年的施肥也应补充大量的有机肥料。

春甜橘对土壤酸碱度适应的范围较广，在 pH 5.0~7.5 均能栽培，而 pH 6.0~6.5 为适宜。pH 小于 5.5 的酸性土对根有毒害，应增施磷、钾肥，使用石灰提高酸碱度。pH 大于 7.8 的碱性土易引起缺素黄化，这种土建园必须坚持多施酸性肥，降低碱性，并选耐碱砧木，否则不能丰产。

第一节　砧木的选择与培育

一、砧木选择

春甜橘主要通过嫁接繁殖育苗，砧木与树体生长、果实产量和品质密切相关，选择适当的砧木是春甜橘生产的一项重要内容。目前，春甜橘主要应用枳砧、红橘砧、酸橘砧和书田橘砧等。

枳砧树头大，树势中庸

1. 枳砧

枳砧对酸性至中性土壤均有良好的适应性，抗逆性较强，种子来源比较广泛。用枳作砧木的树较矮化，树冠紧凑，根系发达、须根多，易成花，早结、丰产性强，果实色泽鲜艳，品质优良。嫁接亲和性稍差，表现为砧木头较粗大，但不影响树体的正常生长和果实产量品质。适合水田、平地、丘陵山地栽培。

2. 红橘砧

红橘包括江西红橘、四川红橘和福橘等，以江西红橘为好。红橘砧与春甜橘嫁接亲和性好，树势中等，根系发达，青壮年树成花稍难，后期丰产性强，果实品质优良。适合水田、平地和坡度25°以下的丘陵山地栽培。

3. 酸橘砧

酸橘砧嫁接亲和性好，根系发达、须根多，生长速度快，树势旺，抗旱性强，果实品质优良，但青壮年树成花稍难，早期要做好促花措施才能早结、丰产。适合平地、丘陵山地种植。

红橘砧嫁接愈合口平滑，植株较高

酸橘砧嫁接亲和性好，树势旺

4. 书田橘砧

书田橘是河源市紫金县柑橘地方品种，用书田橘砧嫁接春甜橘亲和性好，青壮年树成花稍难，后期产量高，丰产性强。适合平地、丘陵山地种植。

二、砧木苗的培育

1. 砧木种子的采集和贮藏

（1）种子采集　枳一般在8—10月采种，红橘、酸橘在11—12月采种。采收后先将采摘的鲜果剖切，取种淘净果渣及果胶，轻洗干净，然后选择粒大、饱满的种子摊放于阴凉通风处晾晒，切忌在太阳下暴晒。

（2）贮藏　种子可贮藏到春季播种。砧木种子的贮藏可用干藏法。干藏是将晾干的种子放入聚乙烯袋内密封贮存，在1.5~7.5℃条件下贮藏，一般可贮存8个月。

2. 苗圃地选择与播种量

（1）苗圃地选择　育苗场地应选择地势平坦、交通便利、排灌方便、阳光充足、地形开阔、土层深厚肥沃、有机质丰富、pH 5.5~6.5的壤土或沙质壤土，冬季不易积聚冷空气的向阳背风平地、水田或缓坡地作苗圃地。苗圃地应当距离老果园、柑橘黄龙病果园2千米以上，并要求四周无严重空气和水源污染，2千米范围内无芸香科植物（柑橘、黄皮、九里香等）。

（2）播种期　砧木种子在20~25℃条件下发芽需要7~10天。露地一般在春、冬（11—12月）两季播种，保护地可随时播种。

（3）播种量　一般情况下枳每亩（亩为废弃单位，1亩=1/15公顷≈666.67米^2）播种用量为60~70千克，红橘、酸橘每亩播种用量为30~40千克。

播种圃播种后铺盖稻草保温保湿

3. 播种育苗

（1）大田苗床育苗　苗圃地在播种前进行全面深耕熟化，施足基肥，起畦，畦面宽

80~100 厘米，畦高出地面 20~30 厘米，沟面宽 50 厘米，低洼地应高出地面 30~35 厘米。播种采用撒播或条播。播种后覆盖疏松的细土 1.5~2 厘米，再盖上干净细河沙 0.7~0.8 厘米，以利于发根，淋水至畦土湿润，最后覆盖干草、薄膜或搭棚遮阴。当苗床温度超过 30℃时，应注意通风降温。

幼苗生长到高 13 厘米左右、真叶 12 片后进行移苗（冬播幼苗一般在第 2 年的 3—4 月移植）。移植宜阴天进行，移苗前苗地灌（淋）足水。移苗一般株行距为 13 厘米 ×20 厘米，每亩移植 2 万株苗左右。苗高 30~40 厘米时剪顶，促进加粗生长。

（2）营养筒（袋）育苗　采用营养筒（袋）育苗是柑橘育苗的发展趋势，具有生长快、出圃易、不伤根、机械损伤少、易搬运、有利于提高成活率等优点。若结合大棚育苗，可全天候嫁接，周年出圃。营养筒由聚乙烯吹塑而成，一般规格为高 32 厘米，容器口宽 12 厘米，底宽 8 厘米，呈梯形方柱，底部有 2 个排水孔，能承受 3~5 千克的压力，使用寿命 3~4 年。营养袋则可以用一次性塑料育苗袋。

营养筒育苗

宽口营养袋育苗

①营养土要求有机质含量高、通透性好、各种肥料比例合理。营养土一般用泥炭土、菇渣、甘蔗渣、谷壳、锯木屑等材料作基质，配以红壤土、细河沙等，舔加麸粉和复合肥等配制而成，各地

可根据实际就地取材。通常可用基质加入30%红壤土，混合30%细河沙、1%麸粉和1%复合肥配制营养土。

穴盘育苗移植成活率高

②营养筒（袋）育苗通常采用直接在营养筒（袋）播种育苗方式，省去移苗环节；也可以采用容器（育苗穴盘等）播种，出苗后移苗到营养筒（袋），或利用大田苗移栽到营养筒（袋）。

③容器育苗播种后管理基本同大田苗床育苗，但育苗筒（袋）水分主要靠外界补充，播种或移苗后每3~5天淋水1次，以保持营养土湿润。其他管理基本同苗床育苗。

第二节　嫁接苗的培育

一、接穗的采集、贮藏与处理

1. 接穗来源

接穗用的母本树应是专用母本园种植的具有春甜橘固有丰产稳产性能、种性典型纯正、综合性状优良、无病虫害的健壮良种母树。最好在保存于防虫网室内的母本树中采穗，以保证不携带病毒或其他病菌。

2. 采穗、贮藏

接穗一般采自母树外围充实、饱满、生长健壮的老熟秋梢，夏、春梢次之。接穗采下后应立即剪去叶片，每50~100条扎成1捆。如果马上嫁接，则可以用干净消毒后的麻袋或者毛巾包裹。需要贮藏2天以上的接穗，应用稍潮湿的废旧报纸或吸水纸包裹，塑料袋密封，100 枝 1 袋，然后装入箱中，放在低温阴凉处贮藏，一般可存放 4~7 天。

生长健壮的老熟枝梢作接穗

用毛巾包裹保湿

3. 接穗消毒

接穗如果不是来自无病毒母本园（采穗圃），嫁接时枝条应进行消毒处理。一般用 1 000 单位的农用链霉素液（每千克水配 25 万单位的盐酸四环素针剂 4 支）或青霉素浸 2 小时，然后取出用清水冲洗干净、晾干，2 天内嫁接完。需要防溃疡病的，用硫酸链霉素液 750 单位加 1% 酒精浸半小时进行杀菌；有介壳虫、红蜘蛛等害虫的，则可用 0.5% 洗衣粉洗擦枝条，并用水冲洗干净。

二、嫁接时期与方法

1. 嫁接时期

以冬季（冬至至立春期间，宜选无强北风的晴暖天气）嫁接较好，亦可在夏、秋季嫁接。在温室、大棚等人工设施内，只要枝条老熟，芽眼饱满，一年四季均可嫁接。嫁接前 1~2 周砧苗离地

10~15 厘米处剪砧及清除残枝落叶杂草。

2. 嫁接方法

春甜橘的嫁接主要采用单芽切接和小芽腹接两种方法。嫁接高度一般离地面 6~10 厘米，不低于 5 厘米，以有效减少脚腐病的发生；也不要超过 15 厘米，以免定干过高。

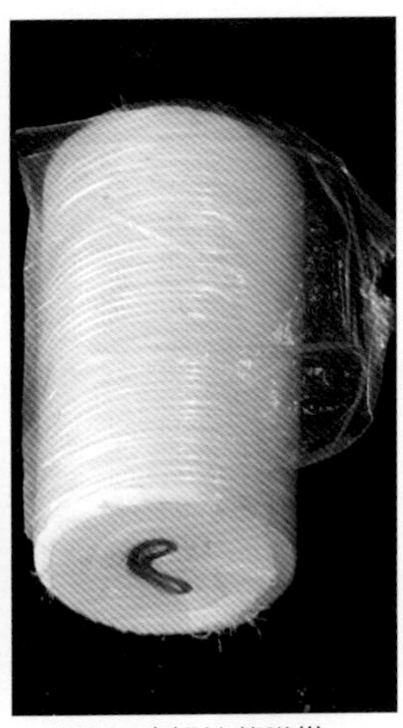

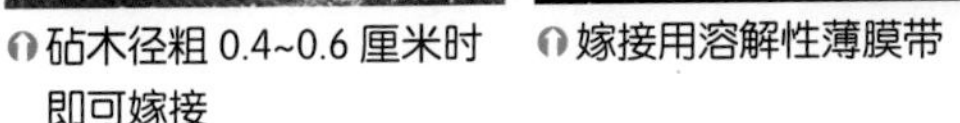

砧木径粗 0.4~0.6 厘米时即可嫁接

嫁接用溶解性薄膜带

嫁接刀具

（1）*单芽切接*　单芽切接是春甜橘嫁接育苗的主要方法，成活率高，操作比较简便，具体操作方法如下：

①开接口：在剪顶砧木干斜削去上部，然后在斜面下方平直光滑部位用刀于砧木的皮层与木质部交界处垂直下切一刀，切口长度比接芽短 0.3~0.5 厘米。

②削取接穗：在接穗芽点下 1.3 厘米处向前削 45° 斜面，再在接穗反转的平整一面贴芽点处平切一刀，形成一个比砧木切口稍长的平滑削面，不带木质部，然后在芽点上 0.2~0.3 厘米处将接穗切断，放入盛有清水的小盆。

③安放接穗及绑扎：将接穗的平滑切面向内，插入砧木切口内，使接穗的形成层与砧木的形成层互相对齐，然后用薄膜带绑扎

剪砧　削 45° 斜面　平整面平削　切断接穗
斜削上部　垂直下切　安放接穗　薄膜带绑扎

密封（可用薄膜带绑扎密封，也可点蜡或用薄膜袋套袋密封）。

（2）小芽腹接　主要是补片芽接，多在枝接不成活时补接应用，有容易成活、利于补接的优点。具体操作步骤如下：

①开芽接位：用刀在砧木主干的平直光滑部位从上往下向内直切一刀，长约 3 厘米，深度仅达木质部，然后在下端横切一刀，形成接口。

②削取芽片：用刀在接穗芽的上方将芽稍带木质削出，削成比

削取接芽

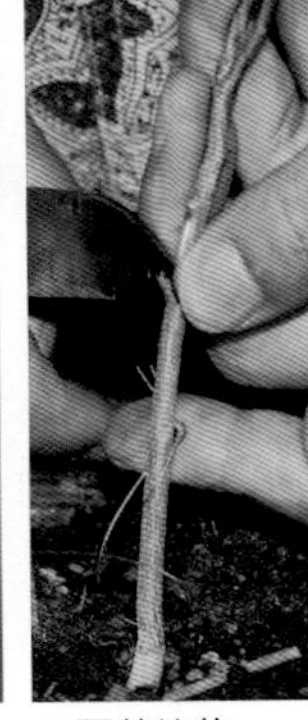
开芽接位

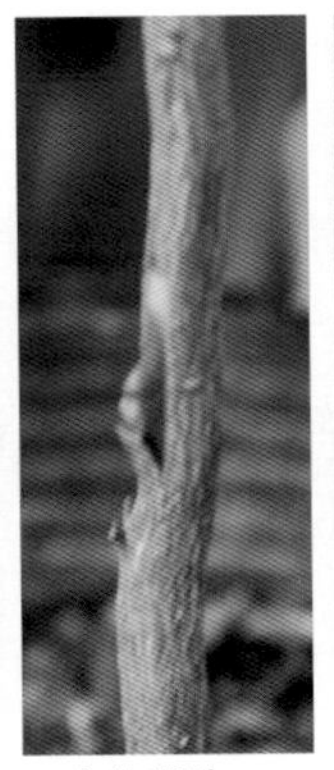
安放芽片

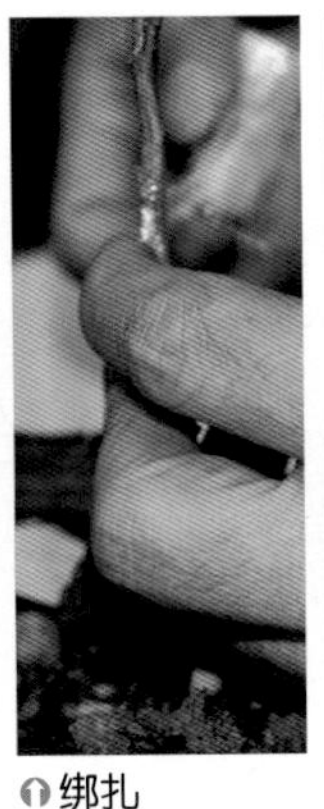
绑扎

完成腹接

砧木芽接位略小的芽片。

③安放芽片及绑扎：将芽片放在砧木芽接位中央下端并插入接口，然后用薄膜带自下而上绑扎密封。

三、嫁接苗管理

1. 补接、除萌

嫁接后 15 天左右检查成活情况，发现接穗干枯未活即行补接。及时疏除砧木上的萌蘖，接穗抽出第 2 个芽后，抹除弱芽、歪芽，留下健壮直立芽。

2. 解绑

接芽萌发后即可除去薄膜袋。第 1 次新梢老熟后要及时解绑，解除薄膜绑带。空气或土壤过于干燥时要推迟解绑，或先在接芽萌发部位挑出萌发孔，以后再解绑。如果采用溶解性薄膜带绑扎，则不需要解绑。

3. 水肥管理与病虫害防治

嫁接成活第 1 次枝梢转绿老熟后，进行施肥，薄施追肥，以氮肥为主，可用淡尿水或淡粪水，以后每隔 10~20 天施 1 次。一般在春梢、夏梢、秋梢生长前施 1 次腐熟的薄水肥促梢，但不要伤嫩梢。整个育苗期要做好病虫害防治工作，清除杂草和落叶，并喷施

0.5~0.6 波美度石硫合剂等。

4. 初步整形

苗圃内的整形包括疏芽、摘心、剪顶等，以使植株枝条生长良好及布局合理。待春梢生长至 15 厘米左右时摘心，促发夏梢。夏梢老熟后，在夏梢中上部选择节间疏密一致、叶片完整的部位，距离地面不超过 30 厘米处剪顶作为主干，要求主干高度为 25~30 厘米。

四、苗木出圃

1. 起苗出圃

春甜橘嫁接苗经过 8 个月左右的培育，主干径粗 0.8 厘米以上，2~3 次枝梢老熟，有 3 条左右的主枝，即可出圃。起苗时用起苗器带泥团挖苗或裸根起苗。如果是带泥团起苗，起苗后剪去过长的主根，用薄膜将泥团包好，再用纤维带把薄膜扎实保湿即可出圃。裸根苗要用稀泥浆根，置阴凉处待运。

起苗出圃

2. 苗木分级与检验

嫁接苗分级按照国家有关柑橘嫁接苗分级及检验标准（GB/T 9659），要求出圃的苗木无黄龙病等病害，枝干健壮，接合部位愈合良好，主干高 24 厘米左右，主枝长 15 厘米以上，有较多细根，具体标准见表 2–1。

苗木出圃前要进行检疫检验，确定苗木级别

表 2-1 柑橘类嫁接苗分级标准（国家标准）

砧木	级别	苗木茎粗 / 厘米	分枝数 / 条	苗高 / 厘米
枳	1	≥ 0.9	3~4	≥ 45
	2	≥ 0.8	2	≥ 35
酸橘	1	≥ 1.0	3~4	≥ 50
	2	≥ 0.8	2	≥ 40

注：如果是新栽苗，出圃较早，苗木标准可以比国家标准略为降低；老栽苗高 50 厘米以上。

3. 出圃调运

出圃苗木应附有检验合格证和标签，标明起苗日期、苗龄、等级、批号等。袋苗调运时要保持营养筒（袋）完好，避免损伤枝叶。浆根裸根苗调运时，可每 10 株扎成 1 小束，每 5~10 小束为 1 捆，每捆用稻草或尼龙薄膜包裹根，缚好后将扎成捆的裸根苗竖立或叠放装车。起苗后，苗木如果不能立即外运，要进行假植处理。苗木运到目的地后，应立即进行定植或假植。

出圃苗木装车外运

第三节 无病苗木的培育

柑橘栽培无病毒化是现代柑橘业发展的重要特征，完善柑橘良种无病毒苗木繁育体系是柑橘产业可持续发展的关键。无病苗木的培育是指无柑橘黄龙病等病害的苗木培育，要求用无病毒母本树的接穗和砧木进行繁殖，对柑橘黄龙病等病害的防治有重要意义。

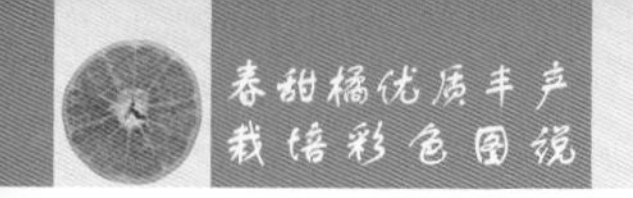

一、母本树的选择与鉴定

采穗用的母本树特性要求与“第二节　嫁接苗的培育”部分所述的相同。为确保苗木不带病，培育无病苗木所用的母树应当栽植于纱网大棚内，并经常进行鉴定。病毒鉴定可通过农业部指定的果树脱毒中心进行，如设立在广东农业科学院果树研究所的华南热带果树脱毒中心。母本树的栽培管理要按照无病程序进行，及时淘汰变异植株。一般为了保证接穗不发生变异，原则上每株采穗用的母本树采穗时间不超过 3 年。

二、无病苗木的培育

1. 育苗基地

育苗基地包括无病毒采穗圃、指示植物鉴定圃和无病毒苗圃。无病苗木的培育主要运用纱网大棚等设施进行，要求无昆虫传播病害，整个育苗过程完全在封闭的纱网大棚内完成。如果采用露地育苗，要求有良好的自然隔离条件，有高山、大河、湖泊等自然隔离屏障，周围 2 千米以上无芸香科类植物。

无病母本园用纱网封闭

纱网室内无病毒采穗圃

纱网室内指示植物鉴定圃

无病苗木的育苗过程在纱网封闭的无病育苗圃内进行

2. 无病苗木的培育

无病苗木一般采用营养筒（袋）等容器育苗或露地育苗，比常规大田育苗要求更高。

（1）培育砧木

①砧木种子的采集和消毒：砧木种子要采自优良纯正品种或优良单株系，无检疫性病虫害。播前要进行种子消毒，先在保温容器内倒入57℃左右的热水，将砧木种子用纱网袋装好，置于50~52℃热水中预浸5~6分钟，取出后立即投入保温容器内处理50分钟，注意使水温保持在55℃ ±0.3℃。取出后立即摊开，稍晾干，放至

温室待播。凡要接触已消毒种子的人员必须先用肥皂洗手。用于柑橘无病毒苗圃的常用工具要专用，枝剪和嫁接刀在使用于每个品种材料之前，用1%次氯酸钠溶液消毒。

②播种：砧木种子播种于苗床营养土中，苗床保持地温25℃以上，相对湿度保持在80%~90%。当温度超过30℃时，立即揭膜和喷水降温。苗出土后每隔7~10天喷1次杀菌剂（多菌灵或托布津等），防治立枯病、炭疽病和根腐病等。当苗高5厘米以上时开始追施0.1%~0.2%复合肥等稀薄液肥。

③砧木苗移栽：待苗高达15厘米以上时即可移栽。

④砧木苗的管理：移栽约15天后施1次稀薄液肥，以后每个月施肥1次。砧木苗生长期间要做好病虫防治工作。

砧木苗移栽入育苗容器中，整齐摆放在育苗场

（2）采穗母本树的培育与采穗　采穗母本树应当是经过农业部指定的鉴定机构鉴定，确认为无病才能应用。采穗母本树定植于网室内，竖立标示牌，加强水肥管理，注意促进营养生长，以培养较多的充实健壮接穗。定植后第2年开始采集接穗，采穗限期为3年。采穗工具应经过消毒处理。操作人员应当衣着干净，用肥皂洗手。

采穗母本树定植区域标示牌

（3）嫁接　砧木苗高35厘米以上、主干10厘米高处的径粗达0.7厘米时即可嫁接。嫁接工具必须用洗衣粉洗净，再用10%~20%漂白粉消毒，用清水冲净后使用。嫁接人员用肥皂洗手，衣着干净。嫁接方法与“第二节　嫁接苗的培育”部分相同。

嫁接　套袋保湿　接芽萌发　接芽抽梢

嫁接成苗

（4）苗木出圃　按照农业部行业标准《柑橘脱毒苗》的规定，出圃的无病苗木嫁接高度大于10厘米。苗木出圃时，对苗木的品种、砧木、嫁接日期、出圃时期、定植去向等情况进行详细记载。

3. 茎尖嫁接脱毒育苗

茎尖嫁接脱毒育苗是目前脱毒育苗的先进技术。主要通过在无菌条件下茎尖嫁接实现脱毒。具体方法是：

（1）砧木准备　将饱满的砧木种子剥去外种皮和内种皮，在

0.5% 次氯酸钠溶液加 0.1% 吐温 –20 的溶液中浸泡消毒 10 分钟，然后用无菌水冲洗 3 次，在无菌环境中播于含 1% 琼脂的 MS 植物细胞培养基（灭菌）的试管内，然后置于 27℃ ±1℃下黑暗中培养。幼苗生长 13~14 天可用作茎尖嫁接的砧木。

（2）茎尖准备　在纱网大棚内采母本树萌发的长 1~3 厘米的嫩梢，去掉叶片，切下尖端长约 1 厘米的梢段，在 0.25% 次氯酸钠溶液加 0.1% 吐温 –20 的溶液中浸泡消毒 5 分钟，用无菌水冲洗 3 次。在无菌环境中，在双目解剖镜下，用刀将下部叶去掉，切下生长点带 2~3 个叶原基的茎尖，长度为 0.14~0.18 毫米的茎尖备用。

（3）嫁接方法　在无菌条件下，从试管中取出砧木苗，截顶，留 1.5 厘米长的茎，留根 4~6 厘米长，去子叶和腋芽。在双目解剖镜下于砧木近顶部一侧开方形切口，即横切 1 刀、竖切 2 刀，或在茎段上部用 3 刀切成一个“△”切口，深达形成层，挑去 3 刀间皮层，将茎尖置于砧木切口，茎尖切面与砧木的横切面相贴，即完成嫁接。

茎尖培养

嫁接

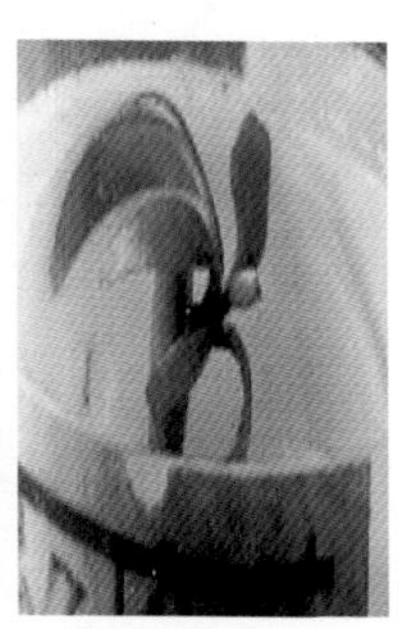
嫁接小苗

（4）茎尖嫁接小苗管理　将嫁接苗放入盛有液体培养基的试管内生长。培养温度 27℃，光照度 1 000 勒，每天 16 小时。

（5）茎尖嫁接植株的培养　一般茎尖嫁接苗培养 1 个月，长出 2~3 片叶片，叶色变为深绿色后即可移出转接。茎尖苗经过指示植物检测或通过聚合酶链式反应（PCR）检测，属无病苗，则可作为母树进入无病毒良种库用作采穗，再进入良种繁育场繁育无病苗木。

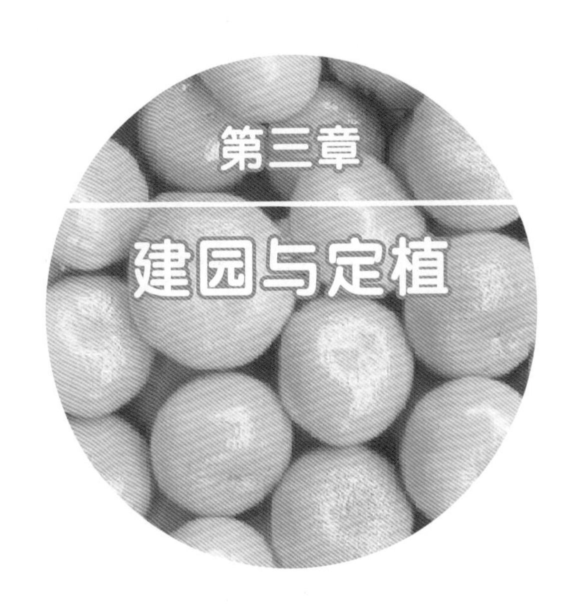

第一节 果园建立

一、丘陵山地果园的建立

1. 园地选择

春甜橘优质生产要求在没有污染源、土层深厚、有机质含量较高、土质疏松透气、排水良好、pH 5.6~6.5 的壤土、沙质壤土或砾质壤土种植为好，并远离柑橘黄龙病园（至少 2 千米）。宜选择地形、地势在坡度 25° 以下的低山丘陵坡地建园，坡度比较大的宜选择在山坡中下部建园。冬天出现霜冻的地区以南坡种植为宜，避免西照、陡坡及瘦地和向西北风口。

2. 果园规划

（1）小区规划　果园规划应当根据园地的规模、地形、坡向和土质等特点，以及道路、果园附属设施和排灌系统的布局划分为若干个小区。每个小区的面积大小灵活掌握，一般平缓地小区面积

条件良好的山地果园，“山、水、田、林、路”各要素合理规划布局

丘陵山地果园根据地形用道路划分为若干个小区

15~20 亩、丘陵山地小区面积 5~15 亩为宜。

（2）道路系统规划　果园道路一般包括主干道、支道和小路等。主干道路宽 4~6 米，贯穿全园；小区之间修建支道，宽 3~4 米，设在小区之间与主道相连；小路又称作业道，是田间作业用道，路面宽 2 米左右。区内修建宽 1~2 米的小道，也可每隔 3~4 行果树，设一加宽行作小道（加宽 1~2 米）。

（3）排灌系统规划 排灌系统主要根据园地规模、地形地势和水源设立。山地建园最好在高处建水塔或蓄水池，然后通过水泵或水渠将水送入水塔或蓄水池，再由它们向输水管道供水，形成自压灌溉系统；坡地建园应靠近水源，或附近有可以建造蓄水池的地方，以保证干旱季节能够灌溉。

山地果园在高处建蓄水池，并根据果园布局和地形铺设水管，形成灌溉系统

（4）果园其他辅助设施 果园应规划生活管理用房、包装场所、药物配制室、农具房、生活用水用电设施及养猪、养鸡场等。包装场尽可能设在果园的中心位置，药池和配药场宜设在交通方便处或小区的中心。有一定规模的果园，一般春甜橘种植占地 90%，道路占地 4%~5%，办公管理用房、蓄水池、粪池共占地 4%~5%。

在路边果园角落留出空地堆放有机肥

果园放置塑料桶沤制花生麸等有机肥

果园内建设粪池沤制有机肥（潘文力　供）

3. 山地果园的水土保持

丘陵山地建园，易发生水土流失

山地建园因地形、地貌复杂，土层和坡度变化大，水土保持是关键。在丘陵山地建园种植春甜橘，为了减少和避免水土流失，建园时应当采取合理的水土保持措施，山顶营造

山地果园山顶保留水源林，有利于减少和避免水土流失

水源林，保持果园良好的环境条件，做到既能提高山地经济效益，又不造成水土流失和破坏生态环境。

（1）修筑梯田　该方法适用于坡度比较大（坡度15°~25°）的坡地。在山坡上修筑梯田，保水保土能力强，便于生产管理操作。梯田宽度要根据地形而定，坡度比较大的用单行种植宽度，一般2.4~2.8米；坡度小的可用双行或多行种植宽度。修筑好梯田后，根据预定的株距挖（80~100）厘米 ×（80~100）厘米 ×80 厘米的种植穴。

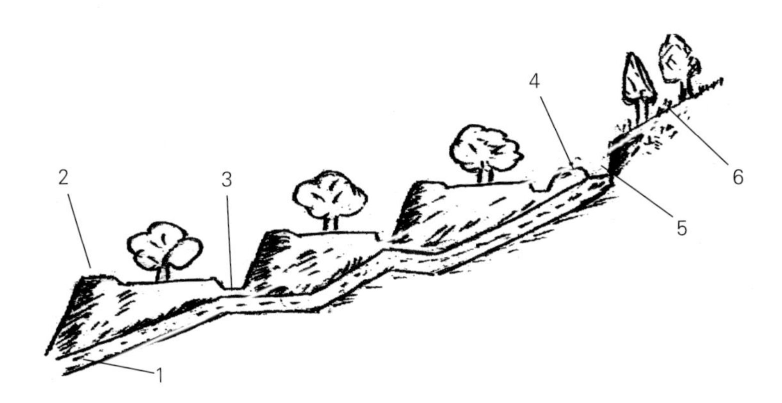

修筑梯田示意图

1. 纵排水沟；2. 梯级外侧土埂；3. 梯级内侧排水蓄水沟；4. 环山沟土埂；5. 环山阻水沟；6. 水源林

山地果园的梯田种植方式

（2）等高种植　在坡度较缓地区，采用等高种植。根据预定行距，测出种植行的基线上根据预定的株距挖（80~100）厘米 ×（80~100）厘米 ×80 厘米的种植穴，压绿、埋穴后 1~2 个月后便可以植苗。

山地果园等高种植

（3）鱼鳞坑种植　坡度较大或果园环境比较差，可采用鱼鳞坑种植方法，一般在定植前一年挖好 1 米深、1.3 米宽、1.6 米长的长方形大坑，坑的外沿培一个高出地面的弧形埂，埂高 50 厘米，

山地鱼鳞坑种植

底宽 40 厘米，加入草皮土，将水土保留在坑内供植株生长，经过雨季土壤熟化有利于苗木成活。按株行距定点，在点上挖 80 厘米 ×80 厘米 ×80 厘米的种植穴。

4. 防护林带规划

在建园之前或建园时应在园地四周规划种植防护林，林带由主要树种、辅佐树种及灌木组成，乔木、灌木错落种植。树种应选择适合当地生长、与果树没有共同病虫害、生长迅速的树种。为了不影响果树生长，应在果树和林带之间挖一条宽 60 厘米、深 80 厘米的断根沟（可与排水沟结合用）。防护林带的宽度根据立地条件而定。

二、平地果园建立

1. 园地选择

平地果园是利用水田、河滩地、旱地等平缓地带建立的果园。平地地势平缓，比较容易建园，土质相对比较肥沃，有机质含量较高，水源比较充足，但地下水位高。在平地建立果园应当选择在地下水位低于地表 1 米以上、易排易灌、土层较厚、土质疏松透气、排水良好、土壤 pH 5.5~6.5 的沙壤土或冲积土。

园地四周种植防护林

平地果园采用长方形种植方式

2. 果园规划

根据园地的地形结合道路系统和灌溉系统的规划，将果园划分为若干个小区，每个小区的面积3~15亩。小区最好为长方形，长边与风害发生的方向垂直，以减轻风害的影响。园地四周宜营造防护林带，所用树种不应与春甜橘具有相同的病虫害。小区内的种植规划主要有下列几种形式：

（1）筑墩培畦旱沟式　将肥沃的表土堆在定点处，筑成直径1.2~1.5米、高40~50厘米的土墩，在土墩上开浅穴定植，种植后在行间挖30~50厘米深的旱沟，将泥培上畦面。

（2）低畦旱沟式　在地下水位较低、土质疏松易灌水的水田或河流冲积地建园采用这种形式。先按预定种植的行距修成龟背形低畦，再在畦面按预定种植株距种苗。在两畦间开深沟和浅沟各1米，深沟深50厘米左右，浅沟深20~30厘米。

（3）深沟高畦式　按预定的种植行距开沟成畦；在畦面起直径1米左右、高30~40厘米的土墩，沟深80~100厘米，与小区周围的排灌沟高相连通。实际生产中，常采用隔行深沟高畦式种植，即每2行开一深沟，中间开浅沟。

深沟高畦式种植

隔行深沟高畦式种植

（4）浅沟低畦式 水源少、缺水的旱地采用浅沟低畦式种植。按预定的种植行距开浅沟起畦，畦面宽 3 米左右、畦高 30~40 厘米，或每隔一畦开沟深 30~50 厘米，以利于多雨季节排

旱地浅沟低畦式种植

水。果园小区四周开沟深 80~100 厘米，并与排灌沟相连通。

3. 排灌系统

设置排灌系统应当方便田间管理和操作，能排能灌，即雨天能排水，旱天能灌水，旱地以能保肥保水为前提。排灌系统的修建宜采用 3 级排灌系统方式设置，在道路两旁修建深 0.8~1 米的排灌总渠，并连通种植畦之间的 3 级排灌渠与 2 级排灌渠连通，横竖水沟畅通，以利于排灌。园内种植后 1 年开始挖深沟，3 年内达到畦沟宽 40~45 厘米，深 30~40 厘米；环园沟宽 45~50 厘米，深 50~60 厘米；排灌沟宽 70~80 厘米，深 80~90 厘米，以起到降低地下水位的作用。

平地果园在道路旁修建排灌渠

灌溉管道沿排水渠铺设

第二节　定　　植

一、种植时期

春甜橘在新梢老熟后或萌芽前种植，以春芽萌动前（2—3 月）种植为好，春梢老熟后、秋季或早冬（10 月下旬至 11 月中旬、冬至前后）秋梢老熟后种植也可。

二、栽植密度与种植行向

春甜橘的栽植密度要根据果园土壤的肥力条件、品种特性、砧木类型、地形地貌和管理水平而定，各地应当根据条件因地制宜选择栽植密度。目前常用的栽植密度有 3.5 米 ×3 米（亩栽 60 株左右）、2.5 米 ×3 米（亩栽 90 株左右）、2 米 ×2.5 米（亩栽 133 株）、2 米 ×2.67 米（亩植 125 株）等，多数每亩栽植 60~100 株。

种植行向的选择应当根据立地条件进行。如在平地和坡度 6° 以下的缓坡地带，可取南北行向，株行间采用长方形栽植；如在坡度 6°~25° 的丘陵山地，则栽植行走向与梯地相同，采用等高栽植，梯地走向。

三、种植方法

1. 种植前准备

春甜橘根系穿透力比较弱，在荒山坡地种植时，应当先进行炼山清理，根据地形特点整地。种植前 1~2 个月进行挖穴，填埋基肥。平地和平缓坡地实行全垦整地，坡度较大的坡地实行带状整地。挖穴的长、宽、深规格为 1 米 ×1 米 ×0.8 米。挖穴时将表土和底土分开堆放。回填时每穴混以绿肥、秸秆、腐熟的人（畜）粪肥、火烧土等有机肥 30~40 千克，磷肥 2~3 千克，饼肥 1~3 千克，石灰 0.5~1 千克。肥料与土壤分层回填至八成满，表土覆盖于植穴上层，并堆高出地面 20 厘米、直径 80~100 厘米的土墩，在中心处挖一深 30 厘米、宽 40 厘米的浅穴备用。注意每穴分 3~4 层埋，肥土拌匀。种植前 10 天，宜浅施腐熟细碎猪牛粪 3~5 千克，肥土要拌匀，以防灼根。

平地果园筑畦起墩，墩高 0.3 米、宽 1 米。筑畦起墩时，施放鸡粪 3 千克、猪粪 5 千克或土杂肥 10 千克、石灰 0.5 千克，与表土充分混匀，畜粪肥宜放于离墩面 25 厘米处，以免发生肥害。

2. 选用良种壮苗

种植的苗木要选用经鉴定的纯正春甜橘良种，苗木要具有典型的品种特征，要求枝条健壮充实、芽眼健全、根系发达、须根多、断根少、无病虫害和机械损伤。

3. 种植方法

种植前先将种植穴扒开 25~30 厘米，然后将春甜橘苗置于穴中心，根群向四周舒展自然，扶正苗干盖上细土，盖土后将苗木略为向上提一提，使细土进入根系，再盖细土并用脚踏实，使根系与土密接。栽植深度以根颈部分高出地面 10 厘米左右为宜，嫁接苗的接口高于地表。种植穴覆土时应高出地面 15~25 厘米，并以种植的苗木为中心，在树苗周围做成直径 0.8~1.0 米的树盘。种植后最好在植株旁边插一竹竿或木棍，用绳缚好苗木，保持主干直立，防止风吹倒伏。灌足定根水，并覆盖树盘。覆盖材料可以就地取材，用杂草、稻草、绿肥等均可，覆盖厚度 10~15 厘米，覆盖物应距离树根颈 10 厘米。种植前剪去过长的主根，对烂根、残次根及位置不当的枝条要剪除。如果果苗根系少，伤根重，剪去烂根后可用生根粉处理，以提高成活率。

容器苗栽植时，先在种植穴中心挖一个深 30~40 厘米的栽植孔，从容器中取出苗，抹掉与容器接触的营养土，使根系末端伸展，然后将苗放入栽植孔中，使根颈露出，用木杆或锄把在栽植孔周围斜插下去，将泥土推向栽植孔，使土与苗根充分接触，再盖细土并轻轻踏实，筑树盘，最后灌足定根水。

如果所要种植的苗木不能确认为无病苗，种植前应当对苗木进行处理，可以用 49℃的湿热空气处理 50 分钟或用盐酸四环素等处理后再种植。

4. 种植后管理

春甜橘种植后，要定期浇水护苗。如果无雨，前 4 天每天都要淋水，以保持土壤湿润，以后每隔 2~4 天浇 1 次水，2 周后根据春甜橘苗成活及生长情况和天气确定是否继续浇水护苗。种植后 25 天左右，可在主干外 15~20 厘米处开浅沟淋施 0.5% 尿素溶液或稀释的腐熟人（畜）粪尿。对没有进行整形的嫁接苗，定植成活后要用枝剪在植株离地面 50~60 厘米处根据树芽的饱满程度剪去上部树干，进行整形处理。

四、大苗和大树移植

大苗包括假植一段时期或袋装培养的大苗，枝梢老熟后可随时种植。大树移植一般在春季萌芽前进行。移植前采用枝组更新或露骨更新的方法进行适当修剪，选择阴雨天气进行移植。挖树时尽量少伤根，剪平大根伤口，用编织袋或稻草扎好护土保根。种植时剪除未老熟的新梢和部分叶片，使根与细土密贴，沿树冠滴水线做树盘，淋足定根水后覆盖杂草保湿。移植后每隔 2~4 天浇 1 次水，2 周后根据春甜橘苗生长情况和天气确定是否继续浇水护苗。如果挖树时伤根过重，可以在种植 10 天后淋生根粉以促发新根。

四年生大树移植后第 2 年能够实现丰产

五、假植

如果苗木不能及时种植，可以先进行假植，即短时间保存种植苗。假植的容器可以采用底部有透水洞的塑料袋或竹编的篓子等。假植用土要求为比较疏松的菜园土。假植时选择地势平坦、不积水、向阳的地方，营养袋整齐排放，用土将袋间空隙和四周填覆。假植时注意植株在容器中央，根系舒展，根土结合紧密，装袋（篓）后浇足定根水。假植时间一般不宜超过 8 个月，假植时间过长，根系在袋（篓）内打圈，不利于以后生长。假植的苗木定植时应去掉袋（篓），如果袋边根较多且已弯曲，应去掉部分与袋接触的土壤，舒展弯根后再定植。

六、高接换种

高接换种是不新建果园，通过高接方法将现有不适销、还有利用价值的果园种植的柑橘品种改换成优良适销品种。一般经过高接换种，2 年就可以结果，3 年后即可盛产。高接换种一年四季均可以进行，一般春季树体萌芽前进行高接最易成活。高接换种方法与育苗的嫁接方法相同。幼龄树可在主干上进行高接，初结果树则在主枝上进行高接，结果大树在侧枝上进行高接。

高接后及时除去树上萌芽，接穗萌发后解除绑扎薄膜或用刀尖挑出萌芽孔（用溶解性薄膜则不需要此处理）。接穗新梢生长到 20~25 厘米长时摘心促分枝，以便形成丰产树冠。高接树叶片、枝条少，容易受到高温、强光照的伤害，因此在夏季高温期间应当进行树干涂白防晒。

第一节　土 壤 管 理

春甜橘种植后未结果的树称为幼龄树。对幼龄树的管理主要是调节树苗生长环境，促生快长，达到扩大树冠、培养分布广而密的根系为目标，为早结丰产打下基础。

一、果园土壤管理

1. 生草法管理

果园生草法是除植株树盘外，利用果园空间，在植株行间人工种植禾本科、豆科等草种或利用自然生长的良性草类生长，以促进土壤改良，改善果园生态环境。

人工种草即在果园行间直播草种子。假花生、豌豆、野牛草、结缕草、紫花苜蓿等是目前果园中普遍采用的生草种类，或选留种植白花草、柱花草、藿香蓟等良性草类，以保护天敌的生存环境。根据果园土壤条件和树龄大小选择适合的生草种类，可以是单一的草类种植，也可以是两种或多种草混种。

果园种植假花生等良性草类

果园自然生草法管理

2. 免耕法管理

免耕法是土壤不耕作或少耕作，利用除草剂防除杂草的土壤管理方法，适用于土壤条件比较好的春甜橘园。除草剂防除杂草时，要选择适用的除草剂，在草长到一定高度（30厘米左右）后应用。

免耕法利用除草剂防除果园杂草

3. 清耕法管理

清耕法是指果园内除春甜橘外不种植其他作物，在生长季内经常进行耕作，保持土壤疏松和无杂草状态的一种土壤管理方式。坡地果园清耕，在多雨季节水土流失严重；清耕法劳动强度大，费时费工。

综合广东春甜橘园的立地条件和施肥水平，以推广生草加覆盖法较好。其优点是：①生长季节行间生草能改善果园生态环境，雨季防止水土流失。②高温干旱季节将草覆盖树盘，可降低地表温度，起到防旱保水的作用。③结合秋冬季施肥将草翻压，能增加土壤有机质，提高土壤有效养分的含量。④节省人力，减少生产成本，达到以草治草、以草养园的目的。

二、扩穴改土

1. 扩穴改土时间

扩穴深翻改土要在果园封行前，果树幼年期内基本完成。在幼龄树枝梢老熟后即可进行扩穴改土，一般在 5—7 月和 10 月下旬至 11 月进行，应当避开寒潮和雨天扩穴深翻改土。

2. 扩穴改土方法

定植后从第 2 年开始，在原定植穴两侧挖宽 50~80 厘米、深 40~60 厘米、长 80~130 厘米的穴，以后逐年外扩，每次位置轮换。另外，还可将扩穴连起来形成扩沟法。扩穴深翻改土工作必须结合施有机肥才能达到改土的目的。深翻后及时填平壕沟并充分灌水。

扩穴深翻

3. 改土压绿材料

改土压绿材料主要是果园杂草等绿肥、农家肥、化肥、石灰等，以有机质为主。分层压入作物秸秆如稻草、黄豆藤等，绿肥、杂草、树叶，腐熟有机肥如堆肥、沤肥、厩肥、沼气肥等，还有塘泥、沟泥、火烧土灰等。每株施有机肥 60~80 千克、过磷酸钙 1 千克、石灰 0.5 千克，分 3~4 层放，最上层施花生麸肥。回填时先将表土填至根系分布层，底土压在表层。

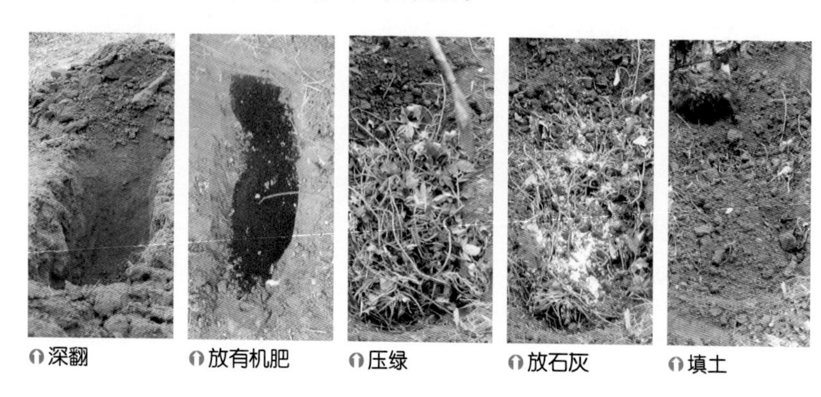

深翻　放有机肥　压绿　放石灰　填土

三、土壤覆盖和间种

杂草覆盖树盘

定植后 1~2 年进行树盘盖草，可以降低夏季地表温度，减少水分蒸发，达到降温保湿的效果，还可抑制树盘内杂草生长，覆盖物腐熟后也是良好的有机肥料。树盘覆盖一般在距树干 10 厘米至滴水线外，围绕树干覆盖 30~50 厘米。覆盖

山地果园间种西瓜、花生等经济作物，以短养长

材料可就地取材，绿肥、杂草、秸秆等均可，覆盖厚度10~15厘米。9月下旬覆盖结束后，随深翻扩穴将覆盖材料翻埋入土。

平地果园土壤比较肥沃，可以间种蔬菜

幼龄橘园树冠与根系分布范围小，果园空间大，除采用生草法管理种植草类植物外，还可利用株间或行间间种豆类、小型蔬菜等经济作物和绿肥等。3年后树冠扩大，一般不再间种。

四、培土、客土

培土可以有效改良土壤结构，提高土壤肥力。培土在冬季进行，培入无公害的塘泥、沟泥、河沙或肥沃的地表土壤等，散放在树盘，每株培土50~150千克。客土的类型要根据果园土壤条件而定，按照“黏掺沙，沙掺黏”的原则，土壤黏性重的果园客沙土，而沙性重的则客黏土。

山地红壤果园用沙质土客土

第二节 肥水管理

对幼龄树施肥，要根据其发梢次数多、根系分布少而浅、吸收能力比较弱的特点来确定施肥方法、时期、种类和数量。

一、肥料使用原则

幼龄树的施肥管理应当以氮肥为主，配合磷、钾肥，有机肥、微生物肥、化肥相配合，按照“勤施薄施，少量多次，先少后多，氮钾为主，磷微配合”的施肥原则进行。

一般氮、磷、钾的比例为 1 ： 0.3 ： 0.6。第 1 年施肥以纯氮计算，单株施纯氮 0.2 千克（折合尿素 0.4 千克），第 2 年比上年增加 80%~100%，第 3 年比第 2 年再增加 80%~100%（表 4–1）。每次施肥时施肥量可根据土壤的肥瘠和树势强弱适当增减。有机肥选用堆沤过的猪粪、牛粪、鸡粪、草木灰、麸饼肥等，花生麸和鸡粪等在施用前 1~2 个月先放在粪池内按 1 ： 6 的比例兑水混合腐熟后使用；无机肥可选用尿素、过磷酸钙、氯化钾或复合肥等。土壤中微量元素缺乏的地区，还应针对缺素的状况增加追肥的种类和数量。

表 4–1 春甜橘幼年树施肥时期及用量

树龄 / 年	纯氮 / (千克 · 株 $^{-1}$)	春肥所占比例 /%	夏肥所占比例 /%	秋肥所占比例 /%
1	0.20~0.25	20	50	30
2	0.40~0.45	20	50	30
3	0.80~1.00	20	40	40

二、主要肥料种类

1. 有机肥

包括人（畜）粪尿、麸饼肥、堆肥、沤肥、厩肥、作物秸秆、绿肥、杂草、树叶、沼气肥等农家肥料和肥料生产企业加工生产的有机肥。

广东农村很多地方有收集田间杂草、落叶、稻草等与少量表土堆放一起暗火烧成火烧土作肥料的习惯，火烧土肥分含量比较高，特别含钾高，作物吸收快，来源广泛，制作简便。

在果园一角沤制有机肥

收集杂草、枯枝落叶烧制火烧土

2. 无机肥

无机肥即化肥，是化学工业产品，包括尿素、硫酸铵、硝酸铵、碳酸氢铵、过磷酸钙、氯化钾、硫酸钾、复合肥等，有肥效高、使用方便、吸收快的特点。施用化肥可以供应速效性的氮、磷、钾等养分，但如果施用不当，如长期单一施用化肥，特别是酸性化肥，会导致土壤酸化，土性变劣，对春甜橘生长发育不利。柑橘属半忌氯作物，氯化钾中的氯离子，对春甜橘果实品质有一定的不良影响，降低果实含糖量。施用量大或氯化钾与氯化铵同时施用，也会对树体造成一定的损伤，引起枯枝落叶甚至死树。因此，施用氯化钾必须注意以下问题：结果树一次施用量不宜过高（不超过 500 克 / 株）；不宜连年长期施用（施 3~5 年，停施 1~2 年），以防氯离子积累；不要与其他含氯肥料同时施用，以免产生氯害。

生产实际中应当以有机质为主，结合化肥，根据土壤结构与养分、树龄、树势、产量、季节及环境状况，进行科学配方施肥，以获得春甜橘的早结、丰产、稳产、优质。

三、施肥时期与方法

1. 施肥时期

种植后 25 天开始发新根时施第 1 次促根肥，以氮肥为主，第 1 次新梢老熟后萌发第 2 次新梢时开始追肥，采用“一梢二肥”甚至“一梢三肥”，即枝梢芽萌动前、转绿时及新梢生长基本停止时各施 1 次，以腐熟人（畜）粪水或麸饼水、复合微生物肥料为主配合施用复合肥，适量加入尿素。肥水充足的果园，一至二年生幼树可以安排放 5 次梢，施肥次数 10 次左右。随着树龄的增加，施肥次数逐渐减少。准备次年投产结果的幼龄树，应当加重促放秋梢的施肥数量，秋梢老熟时增加磷、钾肥，适当减少氮肥用量，以利于花芽分化。

2. 施肥数量

一般一年生树全年每株施人粪尿 60~70 千克，尿素、复合肥各施 0.5 千克，硫酸钾 0.2 千克；三年生树每株年施尿素、复合肥 0.6~0.8 千克。

3. 施肥方法

（1）环状沟施肥　在树冠外缘向外挖深、宽各 30~50 厘米的环状沟，将肥料施入沟内，回填部分土与肥料充分混合后，再将剩余的土回入沟内。此法适用于秋季施基肥。

（2）条状沟施肥　在树冠枝梢外的位置上，挖宽 50~100 厘米、深 30~50 厘米的条状沟，可以在树两边挖或四边挖，坡地在树两边挖。然后把肥料施入沟内，回填部分土与肥料充分混合后，再将剩余的土回入沟内。挖沟的位置逐年向外扩展。

（3）放射状施肥　较大龄的树宜用此法。以树干为中心，放射状挖沟，沟宽 30~40 厘米，深度在靠近树干处要浅，以免伤大根，向外逐渐加深，长度视树冠大小而定，要超过树冠。根据肥料的数量可挖 4~8 条放射状沟，每年更换沟的位置。

（4）盘状撒施肥　把肥料均匀地撒在树冠内外的地面上，然后翻入土中。地面撒施的肥料应以颗粒缓释肥为主。

（5）穴状施肥　在树冠外缘的地面上，根据树木大小，均匀地挖穴数个，将肥料施入穴内，然后覆土。

（6）淋施肥　将肥料以水肥的方式，淋施在树冠内外的地面上。腐熟的沤肥、厩肥、人（畜）粪尿、沼气肥等均可以用这种方法施肥。干旱条件下淋施水肥能够起到施肥淋水的作用，但比较费工。

（7）灌（滴）溉施肥　将肥料溶解于灌溉水中，通过灌溉系统进行施肥，是果园肥水一体化管理的一种方式，具有节约肥水、肥效高、不伤根叶、有利于土壤团粒结构保持等特点，可以节约用肥20%以上。如果采用滴溉施肥，则可以节约用肥30%以上。

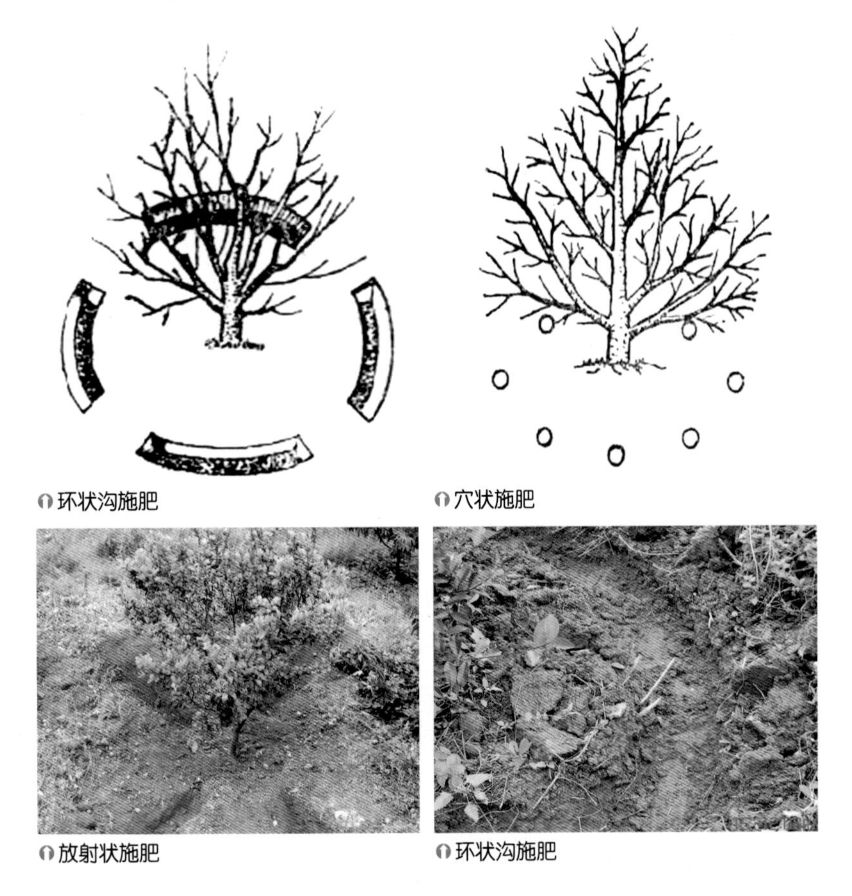

环状沟施肥

穴状施肥

放射状施肥

环状沟施肥

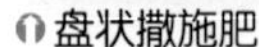

盘状撒施肥

条状沟施肥

4. 根外追肥

在枝梢转绿期，可在喷药防治病虫害时结合根外追肥，以迅速补充树体养分，加快枝梢老熟。施用时间以早晨或傍晚为佳，施用部位以叶背为主，用喷雾器喷施至叶片滴水为度。常用的肥料种类和浓度：光合细菌肥（按说明书使用）、尿素、磷酸二氢钾各 0.2%~0.5%、硫酸锌 0.1%~0.2%、硫酸镁 0.1%~0.2% 或用天然有机提取液或接种有益菌类的发酵液等。

四、水分管理

幼年未结果春甜橘根系分布较浅，容易受到干旱影响。因此，在干旱的季节，每次枝梢抽生期如遇干旱应及时灌水，保持土壤湿润，灌水量需达到田间最大持水量的 60%~70%。通常在秋季遇到连续 10 天干旱无雨就要考虑给土壤补水。除地面灌溉外，尽量采用滴灌、穴灌、喷灌等节水灌溉方法。

果园水分的测定为土壤 10~40 厘米的土层含水量，在沙土低于 5% 时、壤土低于 15% 时、黏质土低于 25% 时均应该灌水。高温期的灌水时间宜在清晨或傍晚进行。多雨季节或地势低洼、地下水位高的平地果园，应及时疏通排灌系统，做好排涝工作，排除积水，防止果园积水导致根系缺氧腐烂而引起大量落叶。

第三节 整形修剪

一、整形修剪的作用

春甜橘是多年生果树，如放任生长，树冠不断扩大，分枝愈来愈多，分布紊乱，内膛枝因通风透光不良，逐渐枯死，病虫害严重，产量下降快，寿命短，果实品质差。整形修剪是采用人工手段，培养良好树形的一种科学管理技术。

低产树形

丰产树形

二、整形修剪的方法

（1）疏枝　疏枝是在枝条基部下剪，将整个枝条全部剪除。在幼龄树主要是疏除多余的骨干枝，其次是疏除徒长枝。

（2）短截　短截是剪去一年生枝条的一部分。短截一般分轻度短截、中度短截和重度短截 3 种方式。剪去枝条的 1/3 以下为轻度短截，截后枝条的萌发率高，抽生的枝条多，生长减弱，有利于缓和生长势，长势旺的枝条多采用此法；剪去枝条的 1/3 或 1/2 为中度短截，一般用在主侧枝的延长枝、有空间生长的枝梢上，促进枝梢生长延伸；剪去枝条的1/2以上为重度短截，通常留枝条基部2~5个芽，剪口下抽生的枝条少，但枝条生长势旺，一般用于生长势弱的枝条或树体，以促进分枝，加强生长势。短截的轻重程度要根据树势强弱确定。

疏枝

短截

（3）缓放　也称为甩放、长放，是对一年生枝条不进行修剪，任其生长。主要作用是分散营养，缓和树势。但对直立的旺盛长枝，一般不能够缓放，否则会扰乱树形；在幼龄树上主要缓放中庸营养枝，结果树缓放结果母枝。

（4）拉枝　拉枝是对幼树角度小的骨干枝用绳或铁丝向外拉到需要的角度，用人工方法把主枝的分布方位和角度加以校正，使主枝在主干上的分布方位偏于一边生长，以免形

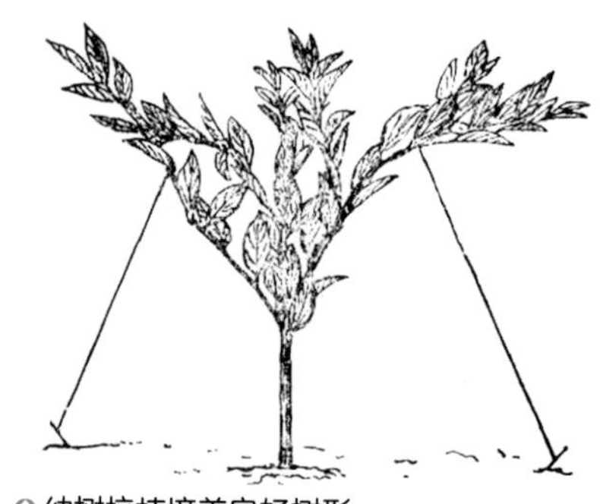

幼树拉枝培养良好树形

成杂乱无序的低产树形。主要用于幼龄树的整形。一般是在春、夏季枝梢生长到一定程度但尚未老熟时进行。枝条拉线角度以枝条延长线与主干成 50°~60° 角为宜。

（5）摘心　摘心是在枝条生长季节摘除新梢还没有木质化的梢头，以控制枝条的生长长度，促进分枝，提早成形。幼年期的春甜橘新梢生长能力较强，常有长枝条抽生。一般在新梢长到 25 厘米时可进行摘心。

（6）抹芽（梢）　在萌芽到展叶期间，抹除多余的嫩芽（梢），使剩余的枝芽发育良好，或控制枝芽生长。从节约树体养分方面考虑，疏芽优于疏梢，疏梢优于疏枝。所以，生产上不需要的萌芽如从生枝、密生芽，主干、主枝上的潜伏芽等应尽早抹除。抹芽的基本原则是去弱留强、去内留外、去密留疏。

抹除多余嫩芽（梢）

“一开三”抹梢

三、放梢

春甜橘是复芽，且隐芽多，寿命长，当抹去夏梢、秋梢的嫩芽时，会刺激周围的芽萌发，当全园 80% 的树、全树 80% 的枝梢都有 3~4 条新梢萌发时，即停止抹芽，让其萌发抽枝，即放梢。春甜橘一年生幼龄树放 4~5 次梢，可在 2 月、5 月、8 月中旬各放春梢、夏梢、秋梢。二年生树放梢 3~4 次，2 月上旬放春梢，5 月上旬放夏梢，8 月上旬放秋梢，控制冬梢。每次放梢要求在基梢上选留 2~3 条、分布均匀、长 20~30 厘米的健壮新梢。二年生树要求在初冬每株具有 200 条健壮末级梢，冠径 2 米，要求翌年能够开花结果。

四、培育树形

春甜橘枝梢比较细小而直立，既喜光又比较耐阴，树形一般采用自然圆头形，定干高度 30 厘米左右，选留分布均匀、长势均衡的主枝 3~4 条，主枝与主干的夹角以 40°~60° 为宜。每一主枝距主干 20~40 厘米处选留副主枝 2~3 条，要求幼龄树整个树冠通透，能接受一定的光照，又要有一定数量的枝条，使其形成立体结果的小波浪状树冠。幼龄树整形一般在育苗时或定植后 2~3 年内完成。如果在育苗时已经整形，种植后只要按副主枝的培养方法依次培养各级结果枝组，用拉、撑、顶、吊等方法调整枝条生长角度和方位。如果在育苗时没有整形，种植后采用摘心、短截、疏枝、抹芽、拉枝等方法进行修剪整形。

幼树短截促进分枝

第五章 结果树果园管理

第一节 土壤管理

春甜橘一般种植 3 年后开始结果投产，对结果树的土壤管理主要促进根系生长，为早结丰产打下基础。春甜橘结果园的土壤管理以生草法为主，树盘内的土壤可以采用清耕或清耕覆盖法管理。生草法可减少土壤冲刷，改善土壤理化性状，提高有机质含量。在果园自然生草的基础上保留良性杂草如藿香蓟等，重点保留豆科杂草和一些蜜源植物，保护果园自然天敌，注意保护土壤有益生物，对于防治病虫害有很好的效果。生草果园通常只在年底进行 1 次清园。

一、深翻改土

土壤深翻熟化是春甜橘优质丰产栽培技术中的基础措施。幼年时期还未完成深翻改土的果园要继续做好深翻改土工作。在树冠滴水线外围开深约 60 厘米、宽约 50 厘米的条状沟分层埋入农家肥料、杂草、绿肥等，具体做法同本书第 47 页“第一节　土壤管理”

部分的深翻改土方法。秋季深耕有利于产生新根，疏松土壤，促进花芽分化，并对防治病虫害有一定的作用。深耕一般在秋、冬季结合施基肥进行，深度 30~50 厘米。

二、培土

培土是果园防旱保湿、控制杂草、提高土壤肥力、增厚生根土层、促进根系生长的有效措施。对严重露根的植株、水土流失较严重的丘陵山地园，培土更加重要。培土时间主要安排在冬季结合清园时进行，也可在采果后进行。

平地果园修沟培土

三、中耕除草

在早春进行松土，深度 10~15 厘米，一可切断土壤毛细管，减少土壤水分蒸发；二可使土壤表面粗糙，提高地温，促进根系生长。夏季中耕：清除盘内杂草，减少水分和养分的消耗，有利于土壤风化，具有改土作用。一般在杂草出苗期和果实采收前进行 1~2 次，深度 10~15 厘米。

四、夏季覆草

夏季高温期间用干草、稻草等覆盖材料进行树盘覆盖，具防止水土流失、抑制杂草生长、减少水分蒸发、增加有机质含量、改变土壤理化性状和防止磷、钾等被土壤固定等作用。覆盖厚度一般为10~15 厘米，距离主干 10~15 厘米外至滴水线外 30~50 厘米。

结果树夏季高温期间进行树盘覆盖，抗旱保湿

第二节　施肥管理

春甜橘结果树施肥是获得高产的重要措施之一。施肥应充分满足植株生长结果的需要和对各种营养元素的需求，在施肥管理时应当考虑生长情况、树龄和土壤条件的差异，根据春甜橘对施肥的要求和土壤养分含量的变化和叶片分析的结果，实行配方施肥，多施有机肥，合理施用化肥，优先考虑复合型、颗粒型肥料。由于

广东春甜橘产区基本上是酸性土壤，因此在肥料种类选择方面不宜用强酸性肥料。在养分需求上，春甜橘要求氮最多，其次是钾，再次是磷，一般要求氮：磷：钾为1：（0.2~0.3）：（0.7~0.8）。生产1 000千克果实，需氮（N）6.0千克、磷（P_2O_5）1.1千克、钾（K_2O）4.0千克、钙0.8千克、镁0.2千克。亩产2 500千克果实的果园，需施氮（N）25~30千克、磷（P_2O_5）12~15千克、钾（K_2O）25~30千克。优质高产橘园，叶片诊断标准值氮2.7%~3%、磷0.12%~0.18%、钾0.8%~1.5%。

安装有滴灌或微喷灌溉系统的果园，均可通过灌溉系统施肥，在灌溉水中溶解后不沉淀的化肥，可以有效节省人力，提高施肥效率。

一、施肥时期与方法

春甜橘结果树一般每年施4次肥，根据不同物候期分为萌芽肥、谢花稳果肥、壮果促梢肥和采果肥。

（1）萌芽肥　在每年1月下旬至2月中旬春梢萌芽前施入萌芽肥。萌芽肥以腐熟有机肥、速效肥为主，速效氮肥配合磷、钾肥，不宜偏施氮肥，施肥量约占全年的10%。施肥部位在树冠滴水线附近，开环状浅沟株施腐熟人（畜）粪尿20~30千克、尿素0.25~0.5千克、复合肥0.25~0.75千克，施后覆土。现蕾期喷硼、镁、磷酸二氢钾、核苷酸等叶面肥1~2次，以促进花器官发育，提高授粉受精水平。

（2）谢花稳果肥　谢花稳果肥在落花后期施，以腐熟有机肥、速效肥为主，施肥量占全年的5%~10%，施肥部位在树冠滴水线附近，开深10~15厘米、宽15~20厘米的环形沟，株施腐熟麸肥1千克、复合肥0.25~0.5千克，施后覆土。

（3）壮果促梢肥　壮果促梢肥在秋梢生长、果实迅速膨大期施入，施肥量占全年的40%~45%。壮果促梢肥在9—11月施，以速效肥为主，氮、磷、钾肥结合。施肥前50~60天沤制麸饼肥，腐熟后株施麸饼肥2千克、尿素0.25千克、复合肥0.25~0.5千克。秋梢转绿期间结合防治病虫害药物加磷酸二氢钾、硫酸镁作根外追肥，使秋梢转绿老熟，有利于养分积累。

（4）采果肥　春甜橘迟熟，采果肥应当在采果前10~15天施入，此时施肥及时而充足，花芽分化好，翌年又可夺丰收，反之，容易发生大小年结果现象。采果肥以有机肥为主，结合适量的速效肥，施肥量占全年施肥量的40%，株施腐熟花生麸1~1.5千克或鸡粪8~10千克，加高磷、高钾复合肥0.2~0.3千克。

春甜橘的施肥时期、数量等各地有一定的差异，应当结合果园实际，看树势、产量、土壤决定，秋季要适当增施磷、钾肥，防偏施氮肥，以控制冬梢，提高果实品质。石灰能中和土壤酸碱度和消毒土壤，又是很好的钙肥，因此，土壤酸性比较重的果园，应当少施酸性肥料，增加石灰的施用，以中和酸性，提高土壤肥力。每年可在春季树盘四周撒施，每亩50~100千克，在地面湿润时撒施效果最好，埋压绿肥时也可加入适量石灰。

二、根外追肥

根外追肥即叶面施肥是土壤施肥的补充。根外追肥以早晨或傍晚施用为佳，施用部位以叶背为主，用喷雾器喷施至叶片滴水为度，施用间隔期一般为7~10天。在半阴无风天喷施效果最好，高温天气宜在上午10:00前、下午4:00后喷施。树叶背面气孔多，肥料容易被吸收，根外追肥应当从上到下以叶背为主。根外追肥常用的肥料种类和浓度见表5–1。

喷施尿素叶面肥浓度过高造成伤害

表 5-1　春甜橘根外追肥种类和使用浓度

肥料种类	使用浓度 /%	肥料种类	使用浓度 /%
尿素	0.2 ~ 0.5	磷酸铵	0.5 ~ 1.0
硝酸铵	0.3	硫酸锰	0.05 ~ 0.1
硝酸钾	0.5	钼酸铵	0.008 ~ 0.03
硫酸铵	0.3	硫酸铜	0.01 ~ 0.02
磷酸二氢钾	0.2 ~ 0.5	硫酸钾	0.3 ~ 0.4
硫酸镁	0.1 ~ 0.2	过磷酸钙（滤液）	0.5 ~ 1.0
硝酸镁	0.5 ~ 1.0	高效复合肥（滤液）	0.2 ~ 0.3
硫酸锌	0.1 ~ 0.2	草木灰（浸提滤液）	1.0 ~ 3.0
硼砂	0.05 ~ 0.1	人尿	8 ~ 10
三元复合肥	0.5 ~ 1.0	牛尿	5（放置 50 天后）

注：喷施硫酸锌、硫酸锰等时宜加等量石灰。

三、主要缺素症及其矫治

1. 缺氮

缺氮春甜橘新梢抽生不正常，枝梢短弱，叶密生而薄、色淡绿或黄绿，无光泽，老叶有灼伤斑，早落，树势衰退，严重时全叶黄化，果皮粗厚，味酸汁少。缺氮的主要原因是施肥不足、土壤积水或施用磷肥过多等，沙质壤土缺氮比较严重。矫治方法：叶面喷施 0.3%~0.5% 尿素液，每 7 天喷施 1 次，连喷 2~3 次。缺氮比较严重的果园，土壤施肥时增施氮肥及有机肥。

植株缺氮叶小、均匀黄叶

2. 缺磷

缺磷引起花芽发育不良，枝梢细弱，叶片稀少、无光泽，呈古铜色，须根发育不良，花量少，果皮粗，味酸汁少。缺磷的主要原因是土壤含有效磷低，施氮肥过多。矫治方法：叶面喷施0.3%~0.5%磷酸二氢钾或1%~3%过磷酸钙浸出液，每5~7天喷施1次，连续喷2~3次。酸性红壤施用磷肥时与石灰及有机肥配合。

3. 缺钾

缺钾表现在老叶上部的叶尖和叶缘先开始黄化，随后向下扩展，叶片卷缩，畸形，新梢短小、细弱，花量少，落果严重，果小皮薄，有裂果，不耐贮藏。缺钾的主要原因是土壤含有效钾低，果园干旱或积水影响树体吸收。矫治方法：叶面喷施0.3%~0.5%磷酸二氢钾、0.5%硫酸钾或硝酸钾或其他含钾叶面肥2~3次；多雨季节做好排水工作；缺钾严重的地块，在发芽前每亩施20~30千克硫酸钾或氯化钾。

缺钾叶片的叶尖和叶缘先开始黄化

4. 缺硼

缺硼时幼梢枯死，叶厚而脆，叶脉肿胀、木栓化或破裂，无光泽，扭曲，花多而弱，果小畸形，皮厚硬，果心果皮和海绵层均有褐色树脂沉积。缺硼在花期授粉受精时非常敏感。矫治方法：花蕾期、幼果期和定果期分别叶面喷施0.1%~0.2%硼酸或硼砂；春季施萌芽肥时每株施硼砂 0.05~0.1 千克；避免过多施氮肥和磷肥。

缺硼叶片叶脉肿胀、木栓化

5. 缺镁

在叶片中脉两侧和主脉间出现轻微的脉间黄化区，从叶缘向内褪色，严重时叶片绿色区仅保持一个倒“V”形，最后叶片全部黄化，老叶出现主、侧脉肿大或木栓化，出现坏死斑点，提早落叶，枝条细而弯曲，果实小，着色差，味淡。矫治方法：土施钙镁磷肥，每株 0.3~0.5 千克。或生长期叶面喷施 0.3% 硫酸镁、氯化镁或硝酸镁溶液 2~3 次。

缺镁叶片

6. 缺锰

缺锰时叶片出现叶脉间浅绿、发黄，在浅绿色的基底上显示绿色网状叶脉，随着叶片的成熟，叶花纹消失，严重时中脉区出现黄色和白色小斑点，部分小枝枯死。施过量石灰、土壤缺磷时会发生缺锰。矫治方法：5—6 月叶面追肥 0.3% 硫酸锰加 0.1% 石灰或氯化锰 0.05%，每 5~7 天喷施 1 次，连喷 3 次。

缺锰叶片

7. 缺锌

叶脉绿色而叶肉淡绿的花斑叶，呈肋骨状黄斑花叶，新叶变小，叶尖直立，俗称小叶病，严重时新梢短而弱小，果细，味淡。

土壤有机质含量低，施用高磷、高氮的果园会加重锌的缺乏。矫治方法：春梢前喷 0.2%~0.5% 硫酸锌，萌芽后喷 0.1%~0.2% 硫酸锌；与有机肥混施硫酸锌，每株 100 克。

小叶型缺锌

花叶型缺锌

第三节　水分管理

水分管理对春甜橘树体生长和果实发育及品质的影响很大。春甜橘要求花期土壤应适度湿润；枝梢抽生和果实生长发育期水分供应充足；花芽分化适度控水。春甜橘主要在南亚热带区域栽培，雨水虽然充沛，但分布不均匀，夏季多雨，易发生涝害，需要进行果园排水防涝；秋、冬季则是干旱季节，又是果实膨大期，水分需求迫切，此时如遇干旱而不及时供应水分，会严重影响果实产量、品质和树体生长。

一、不同时期的水分管理要求

春甜橘的水分管理要求是春湿、夏排、秋灌、冬控。

（1）春季适时保湿　春芽萌发、枝梢抽生和开花需要适量的水分供应，要保持土壤湿润。此时如遇干旱会引起发梢迟，花枝纤弱，易落蕾落花，坐果率低；如果水分过多，则枝梢旺长，花朵和花序积水，花粉不能够散出，导致授粉受精不良而大量落花。

（2）夏季适时排水　夏季是雨水较多的季节，要及时修理好果园特别是地势低洼或地下水位较高果园的排水沟渠，及时排除园内多余积水。

（3）秋季灌水防旱　秋季是水分需求敏感的关键时期，需水量大，要求土壤田间含水量60%~80%。此时如遇干旱而供应水分不及时，会严重影响果实产量、品质和树体生长，也关系到翌年能否持续丰产。此时及时灌水能够促进秋梢生长，提高果实产量和品质。果园及时除草、浅耕松土、覆盖保湿，保持土壤疏松透气，可有效减少土壤水分的挥发。

（4）冬季适当控水　冬季是春甜橘花芽分化时期，土壤水分过多对花芽分化不利，要适当控制水分的供应。在大寒前后适度控水，到白天秋梢叶片微卷，早上即展开的程度3周左右，可促进成花。如果冬季过度干旱，则要适当灌水。为了提高果实品质，采果前10天左右要停止供水。

二、合理灌溉

1. 灌溉时期

灌溉时期的确定要根据春甜橘枝梢抽生、根系生长、果实生长发育，以及天气状况、土壤水分含量变化等环境因素而定。在田间，简单的判断方法是叶片出现轻微卷曲时即应当灌水。这种方法简单方便，但准确性比较差。目前采用的方法主要有以下几种：

（1）土壤含水量测定法　从果园取土用烘箱烘干法或酒精燃烧法测定土壤含水量，当红壤土含水量18%~20%、沙壤土含水量16%~18%时应当灌水。

（2）田间水分测定法　将土壤水分张力计安装在果园土壤里，即时测定土壤含水量。

2. 灌水量

灌水量可以通过土壤水分张力计测定结果确定，也可以挂果量计算，按照 40 千克 / 株挂果量计，每株需灌水 300 千克左右。在生产实际中，通常灌水后以土壤湿润为度，而灌溉“跑马水”则以新梢叶片微卷为度。

3. 灌溉方法

（1）沟灌、穴灌　开沟利用山水、水库水等通过自流或水泵抽水进行果园灌溉，主要适用于水田、平地、缓坡地和水平梯田，耗水量大，也可以利用果园内设置的蓄水池接上软水管进行穴灌。

（2）喷灌、滴灌　喷灌是在一定压力下，水通过管道和喷头以水滴的方式喷洒在果树上。喷头高于树高，水滴自上而下类似下雨，该法较渠道灌溉节约用水 50% 以上，并可降低冠内温度，防止土壤板结。滴灌是通过一系列的管道把水一滴一滴地滴入土壤中，设计上有主管、支管、分支管和毛管之分。主管直径 80 毫米左右，支管直径 40 毫米，分支管细于支管，毛管最细，直径 10 毫米左右，在毛管上每隔 70 厘米安装一个滴头。分支管按树行排列。每行树一条，毛管每棵树沿树冠边缘环绕一周。滴灌的用水比渠道灌溉节约 75%，比喷灌节约 50%。

果园喷灌

果园滴灌

（3）浇灌　浇灌是直接将水浇在树下，适宜水源不足的果园及幼龄树或零星种植的植株。浇灌比较费工，最好结合施肥一起进行。也可以利用果园设置的简易管网灌溉，在园内铺设输水管网，并在每片果园留出水口，可接软性胶管，水泵提水加压后将水送到园内高处水池，利用水的自然落差或加压，用软性胶管浇灌树盘，也可以喷树冠。

（4）漫灌　即将水提升到山顶水池，然后沿输水渠流到橘园各小区。平地果园采用此法可将全园灌透，山地橘园必须修整梯田。此法方法简便，费工少，容易造成水土流失、表土板结，土地不平整时灌水不均匀。

三、排水防涝

春甜橘忌长时间积水，否则树体因土壤水分含量过高出现烂根而引起叶片黄化、烂果落果，低洼地种植常表现为生长不良、烂根、落叶，甚至整株整园死亡，故选园首忌高湿低洼地。在夏季台风多雨季节，丘陵山地果园应当迅速排除积水，防止山洪；水田平地果园通过 3 级排水系统排除积水。受洪水淹浸的植株，在水退后立即清沟排除积水，待土壤干爽后，浅松土，使根部恢复通气，10~15 天后淋施腐熟有机肥液，促进根的生长；随后喷施杀菌剂加 0.2% 磷酸二氢钾和尿素，防治炭疽病、树脂病等，使植株迅速恢复树势。

第四节　结果树修剪

春甜橘进入结果期后，树冠继续扩大，枝条的分枝级数增加，枝梢抽发能力逐渐减弱而更加密集丛生，内膛枝条因光照条件差而干枯，结果部位外移，立体结果渐变为平面结果。要维持春甜橘持续丰产，进行修剪是一项重要措施。

春甜橘的修剪一般分为夏季修剪和冬季修剪。夏季修剪见第 75 页“第五节　结果树促花保果关键技术”部分的相关内容；冬

中央壮旺枝生长势强盛，应当进行控制

扰乱树冠的徒长枝从基部疏除

季修剪在采果后到春芽萌动前进行，也可以结合采果进行。

一、冬季修剪的基本方法

冬季修剪采用疏枝和回缩修剪为主，目的是剪除废枝，保留壮枝，更新树冠，调节树体营养，达到生长与结果的平衡。修剪时先从枝条基部剪除病虫枝、干枯枝、交叉枝、荫蔽枝、徒长枝、衰弱枝和衰退的结果（母）枝等，以减少体内养分消耗，增加通风透光；然后对衰退的大枝组进行回缩以更新树冠。修剪程度以去叶量确定，冬季修剪去叶量一般控制在 20%~25%，夏季修剪去叶量以 15% 以下为宜。修剪下来的枝条应集中堆放，及时清理，剪完后运出园地。

二、不同类型的结果树修剪

春甜橘结果树由于管理、树龄、树势、结果等方面的差异，要看树看地修剪。

（1）*初结果树*　在继续培养主枝的同时，选择主枝上生长健壮、着生方位和分枝角度适宜的延长枝作为侧枝培养，先培养第 1 侧枝，然后分年度逐渐培养第 2 侧枝等。对主侧枝的延长枝进行短截促进其生长延伸，对主侧枝生长有干扰的徒长枝、竞争枝进行回缩、弯枝或疏除。对过密的营养枝，短截 1/3，保留 1/3，疏去 1/3。对生长过长的营养枝可留 8~10 片叶进行摘心，促其分枝，短截结果后的枝组，疏除过密枝梢。

（2）丰产稳产树　丰产稳产树枝梢生长与开花结果比较协调，树势健壮，以夏季短截促发健壮枝梢为主，冬季修剪主要剪除病虫枯枝，疏剪丛生、密集的枝梢。对树冠外围的衰弱枝组进行适度的短截更新。对直立徒长的骨干枝和密集枝加以疏剪，郁闭树在顶部删除部分大枝开“天窗”，以改善通风透光条件，对下垂枝进行疏除。

（3）大年树　大年树当年开花结果多，枝梢少，应当重点进行夏季修剪，结合疏果进行短截，以果换梢，为翌年开花结果准备一定数量的健壮枝梢。冬季修剪以疏剪为主，短截为辅。对丛生、密集的枝梢适当疏剪，剪除细弱枝、无叶枝，以减少无效花枝；长枝和位置好的徒长枝进行短截，留 15~25 厘米枝桩以抽发营养春梢。

（4）小年树　小年树当年开花结果少，枝梢多。此类树以疏剪为主，修剪量应小。春季抹除部分春梢，力求控梢保果，以果压梢；夏季对落花、落果枝进行短截，以抽发健壮的秋梢；冬季多保留强壮枝条，剪除细弱枝、无叶枝、病虫枝、干枯枝，对衰老枝进行回缩处理。

（5）衰老树　结果后期的树势逐渐衰弱，营养生长量减少，老化结果枝组增多，内膛侧枝潜伏萌芽增多。对衰老树的修剪主要是进行大枝和结果枝组更新。从树冠顶部开始，首先要压顶，每年更新 1/5 大侧枝；充分利用主干、主枝中下部潜伏芽萌发的枝条，在树冠有空间空缺处或残缺树冠的主干基部，留 1 个或几个潜伏芽徒长枝，经摘心、短截、换枝等处理，培养成新的树冠部分。在树冠大枝回缩更新的同时更新根系，即秋末初冬前，在树行间或株间开沟断根，结合深施有机肥促发新根。

（6）密植园　密植园包括计划密植园和种植密度大的永久性园。密植园一般树体比较小，枝条比较直立，内膛易空虚，如果不修剪或修剪不当，容易出现只在树冠表面结果的情况，反而不能够获得高产。

①密植园进入结果期，每年冬季修剪都要回缩结果枝组，让其交替结果。方法以疏为主，短截为辅，控制枝组密度，保持通风透光，减少内膛枯枝。

②密植园柑橘树顶端生长优势明显，如控制不好，很快会造成内膛郁闭，要及时疏剪顶部强枝，削弱顶端生长优势，保持中庸树势。

③计划密植园种植时要确定间伐（移）株和永久株，不同的树形采用不同的修剪技术。当树冠密接时要逐年回缩临时株大枝，给永久株大枝留出生长空间。当树冠封行时，采用回缩方法压缩间伐株树冠或砍除间伐株，保证永久株树冠的生长空间，延长结果年限。

三、修剪后清园

修剪后宜立即清园，剪除的枝条和地面的枯枝落叶要集中烧毁，然后全园松土，撒施石灰，以达到铲除病虫庇护所、杀灭越冬病虫、减少病虫基数的目的。

第五节　结果树促花保果关键技术

一、培育健壮秋梢

秋梢是春甜橘最主要的结果母枝，培育健壮秋梢是获得丰产稳产的重要保证。健壮秋梢的基本标准是生长充实粗壮、长度15~25厘米、无病虫害、数量多而分布均匀、叶片浓绿有光泽。

充实健壮的秋梢是翌年丰产的保证

1. 适时放梢

春甜橘发梢力比较强，秋梢老熟比较快，放梢要求整齐、统一、适时。放秋梢前，先抹除零星抽出的芽，统一放梢便于管理，减少潜叶蛾等病虫的为害，减少用药次数。

放梢要求整齐、统一，秋梢整齐，便于管理，减少潜叶蛾的为害

2. 夏季修剪促梢

通过夏季修剪可以在适当时间统一放秋梢，有利于新梢保护，对培育健壮秋梢有重要作用。夏剪时间一般在小暑至大暑间进行，具体应根据放秋梢的时间而定，以放秋梢前 10~15 天夏剪为好。对衰弱枝群、末级营养枝及落花落果枝进行短截修剪，留 6~8 片叶的枝桩，促剪口以下的几个潜伏芽萌发。按照株产 50 千克果实的八年生树计算，每株剪口以 100 个左右为宜。

3. 秋梢期的肥水管理

秋梢期的肥水管理按照梢前攻、梢后壮的方法施肥，具体施肥要求见第 63 页“第二节　施肥管理”，在秋梢转绿期喷叶面肥。整个秋梢期适时灌水，促进秋梢生长充实。

抽梢多而密集，易形成扫把枝，结果差

“一开三”放梢

4. 新梢保护

秋梢期正值高温多湿季节，病虫害大量发生，特别是潜叶蛾、凤蝶、炭疽病等，对秋梢生长影响很大。当秋梢嫩芽生长到 0.5 厘米长时要开始喷药防治病虫害，具体见“第六章　病虫害防治”。

二、促进花芽分化

1. 影响花芽分化的因素

花芽分化是春甜橘开花结果、获得产量的基础。要有果，则先要有花，要开花，则需要一定的条件进行花芽分化。适度的低温干燥和营养生长的停止及养分的积累是花芽分化的基本前提。影响春甜橘花芽分化的因素很多，主要包括环境条件和树体状况两个方面。

（1）树龄　幼龄树花芽分化少，成年结果树和老年树开花多。

（2）树势　营养生长过旺，枝条徒长，花芽分化少；丰产后树势衰弱，花芽分化质量差；衰老树花芽分化虽多，但花质差，坐果少；树势健壮，营养生长与生殖生长协调，花芽分化质量高，坐果多。

（3）枝条类型　生长健壮，长度与粗度适中的秋梢是优良的结果母枝，夏秋梢比春梢花芽多，树冠外围和中上部枝条比内膛枝条花芽多，弱枝花芽分化质量差，有花而坐果极少。

（4）冬梢　春甜橘花芽分化大多在 11 月开始，因此要求秋梢在 11 月上旬老熟。如果 11 月后萌发冬梢，对花芽分化不利，11 月后不萌发冬梢，老熟的秋梢基本上能够形成花芽。

（5）温度　冬季适度低温，有利于树体内养分的积累，抑制生长，促进花芽分化。冬季高温不利于花芽分化。

（6）水分　冬季适度干旱缺水能够促进树体花芽分化，反之雨水多，土壤水分含量高，花芽分化不良，翌年花量少，花质差。

（7）光照　花芽分化期间光照充足，叶片光合作用强，光合产物积累多，有利于花芽分化。

2. 促进花芽分化的措施

（1）促进秋梢老熟　10月下旬至11月初，还没有老熟的秋梢，可以用0.3%~0.5%的磷酸二氢钾加尿素溶液喷施，促进秋梢老熟。在秋梢老熟后，即11月底至12月初喷施花果灵或多效唑（PP_{333}）。

（2）控制冬梢　11月后如果气温高，雨水多，秋梢老熟早，容易抽发冬梢，影响花芽分化。幼龄树、初投产的壮旺树，极容易抽发迟秋梢或冬梢。抽发冬梢必须及时控制，否则翌年少花甚至无花。一般在冬芽有零星萌发时，即用40毫克/升的2,4-D（即20千克水加3~4粒片剂2,4-D）或用800毫克/升的多效唑喷施，不但能抑制冬芽的萌发，且有利于促进花芽分化，翌年的春梢短而壮、花多，有利于坐果；也可以用花果灵等药剂控制冬梢。

冬梢萌发不利于花芽分化

（3）环割或环扎促花　幼龄结果树环割主干，青年结果树环割主枝，以割断韧皮部而不伤木质部为度，割后7~10天秋梢叶片褪绿即达到促花目的。如果环割后到翌年1月初仍不见叶片褪绿，可再环割1次。生长势很旺的幼年结果树可在主干或主枝上进行环剥，剥口宽0.2~0.3厘米。

环扎促花是用14~16号铁线扎枝干，使铁线的2/3陷入皮层而不伤木质部，以略见水痕、不裂皮层为度。环扎时间一般在11月中下旬进行。生长过旺的树可提早环扎，幼年结果树可扎主干，树体粗大的植株可在3~5厘米粗的枝干环扎，扎后1个月叶色褪绿时即可解除铁线。

主枝环割

主枝环剥

扎铁线促花，幼年树扎主干，成年树扎主枝（潘文力　提供）

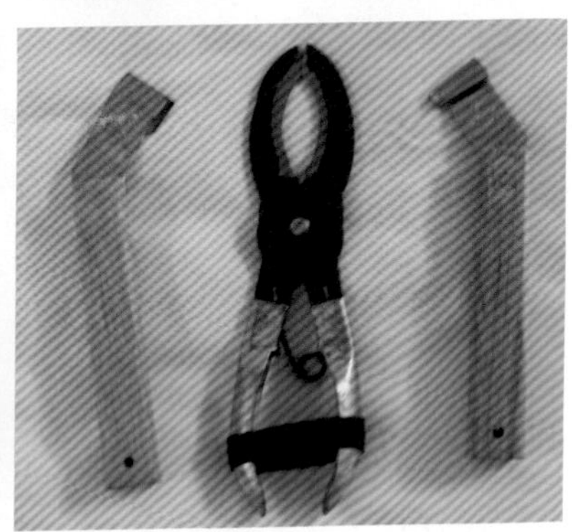
专用环割用具

（4）控水、断根促花　控制水分促花处理一般在11—12月进行。平地、水田果园冬季挖深水沟，控制水分到秋梢叶片中午微卷，早上展开，保持25天左右，树冠内膛有少量叶片黄落，土壤出现龟裂就达到目的。

通过深锄方法，切断部分侧根，也可以达到控水的目的。12月在树冠滴水线两侧深锄翻土15~25厘米，锄断表层部分吸收根并晒根，至中午叶片微卷，叶色稍褪绿时覆土。对于丰产期的果园，可以在树冠四周进行全园深耕20厘米控水，以提高树液浓度，促进花芽分化。

通过深锄断根控水到秋梢叶片中午微卷，可有效促进花芽分化

（5）药剂促花　采用植物生长调节剂等化学药剂促花方法简便，省时省力。常用的促花药物包括多效唑、2,4–D及花果灵等控梢促花剂。药剂促花时间一般在11月中下旬至12月末次秋梢老熟后，喷施15%多效唑300倍液（500毫克/升，即15%多效唑300倍液）促花，隔25天再喷1次，对于尚未完全充分老熟的秋梢，可喷1次300毫克/升的多效唑，加入叶面肥，促使秋梢尽快老熟。

（6）弯枝、扭枝促花　初结果树生长旺盛，容易出现长枝和徒长枝，要使这类枝条开花结果，除对这类树进行环割等措施促花外，还可对长枝和徒长枝进行弯枝、扭枝处理。弯枝处理方法是在秋梢老熟后，用绳将长枝向下拉弯，到叶色褪至淡绿色时即可解绳。扭枝则在枝条刚充实，中上部未完全老熟时，用手将枝条中下部扭转1圈，扭爆木质部而不折断枝条，皮下见有水渍状斑纹出现，枝条下垂，叶色褪至淡绿色即可，到翌年春季枝条会自然恢复到原状。

三、保花、保果

春甜橘开花多，花量比较大，一般坐果率在2%~10%，低产树在1%以下，甚至更低。春甜橘低坐果率跟其开花结果期间落花落果有关。春甜橘开花期间，会出现大量落蕾、落花，落花比例85%~90%。春甜橘谢花后小果带果柄脱落，时间持续1个月左右。在第1次落果25天后，小果从蜜盘处脱落，一直持续到6月底至7月初结束。

1. 落花、落果原因

（1）花器发育不正常或受精不良　花芽分化时养分不足，造成花器发育不正常，产生不完全花和畸形花，这些花没有结果能力，会自然脱落。开花时如遇阴雨连绵，水分过多，使花的柱头黏液不足失去授粉作用，影响受精，也会脱落。

（2）树体营养不足　抽梢与开花消耗养分多，开花时特别是花多的，消耗多，如果不及时补充养分，叶片光合作用效能降低，制造的养分供给不足，花粉管伸长没有活力，半途停止生长，幼果发育过程中养分供应不足，都会引起生理落果。管理不当，施肥浓度过高引起伤根，喷药浓度过高伤果，影响根系吸收，树体养分缺乏而引起落果。

（3）树体内源激素不平衡　在幼果发育时期，树体内生长素、赤霉素不足，使幼果果柄发生离层而引起落果。

（4）外部环境因素影响　开花期和幼果发育期低温阴雨，光照不足，水分过多或过少，使根系吸收功能减弱。花期、幼果期异常高温，强烈的阳光造成日灼，干湿变化突然产生裂果，台风等造成的机械损伤，也会引起落果。

（5）病虫害为害 春梢期如红蜘蛛为害严重，会引起春梢落叶或新梢叶片不能正常转绿，使光合作用产物减少，致使大量幼果脱落。后期落果多数是病虫为害所引起的。

夏梢抽生引起落果

（6）夏梢的大量抽生 夏梢的大量抽生与幼果争夺养分和水分，并使结果枝内的赤霉素减少，从而引起落果。

2. 保花、保果措施

（1）合理施肥，促进树势壮健 春甜橘经过萌芽、抽梢和开花，消耗了大量的营养物质，谢花期树体内养分含量下降到最低点，是最需要补充营养的时期。春季现蕾前 15 天，施 1 次以氮肥为主的促花肥，施肥量应视花量的多少而定。及时喷施硼、锌等叶面肥，以促进花器发育和受精的完成，一般可喷 1~2 次 0.3% 磷酸二氢钾加 0.3% 尿素加 0.1% 硼酸（硼砂）。盛花期过后（谢花 2/3 时）应施 1 次以复合肥为主的谢花肥，以保证新梢转绿和小果发育对营养的需求，同时进行根外施肥，补充硼、磷、镁和锌等元素，用 0.2% 硼砂加 0.3% 尿素加 0.2% 磷酸二氢钾加 0.2% 硫酸锌，每 10~15 天喷 1 次，连喷 3 次。喷营养型核苷酸、氨基酸和其他有机营养素进行保果，也会有比较好的效果。

（2）环割保果 刚投产的树一般营养生长较旺，需要环割来保果壮果。环割时间视结果量而定，如果花量不多，则应在盛花期环割；如花量较多，则应在落花后环割。但是否需要进一步环割，要视树体的挂果情况灵活掌握。如果 5 月中下旬植株小果转绿正常，且挂果很多，则不需要二次环割。

（3）植物生长调节剂的应用 国家规定使用的保果壮果植物

生长调节剂种类较多，如2,4-D、赤霉素（九二〇）、细胞分裂素（如6-BA）、爱多收、云大-120及一些配制的营养型保果素等。春甜橘对一些植物生长调节剂反应比较敏感，特别要注意使用时期和浓度。

2,4-D使用浓度过高引起叶尖发黄卷曲

①应用2,4-D保果，成本低，用量少。开花期可用2.5毫克/升的2,4-D（1克2,4-D兑水400千克），在谢花后15~20天的幼果形成期，喷5毫克/升的2,4-D（1克2,4-D兑水200千克），15天后喷1次10毫克/升的2,4-D（1克2,4-D兑水100千克），喷药时加入0.2%硼砂和0.5%硫酸镁或复合肥溶液效果更好。注意，春甜橘对2,4-D反应比较敏感，浓度过高容易产生药害，引起叶片特别是叶尖发黄卷曲。

②使用赤霉素进行保果相对比较安全。对第1次和第2次生理落果均有良好的效果而且比较稳定。在谢花2/3左右时喷50毫克/升的赤霉素，隔15天喷1次，连喷2~3次，保果效果明显。使用赤霉素进行保果最多使用3次。花期和幼果期用赤霉素保果方法不当，如高浓度，增加使用次数，会引起粗皮和部分果实畸形。

谢花期喷施赤霉素保果效果良好

③细胞分裂素也可减少柑橘的生理落果。可在谢花后期及谢花后1个月左右树冠喷布800~1 000倍液，不仅可提高坐果率，且能增加单果重。

④爱多收是一种新型的植物生长调节剂，也是营养型植物生长调节剂，对柑橘保果作用显著，可在谢花 2/3 时喷第 1 次，2 周后喷第 2 次，浓度 5 毫克 / 千克。

⑤营养型保果素如果得保、云大 –120 等，主要由植物生长调节剂和营养元素配制而成，使用安全，不容易产生药害。如在幼果期用果得保（每包兑水 20 千克）喷施，或用 1 500 倍的云大 –120 加 0.3% 尿素加 0.3% 磷酸二氢钾加 0.1% 硼酸。5 月下旬落果中期用 0.1~0.2 毫克 / 升的三十烷醇加 0.3% 磷酸二氢钾加 0.3% 尿素喷洒幼果或涂幼果，防落果效果好。

（4）抹除过旺春梢和控制夏梢，减少养分消耗　幼年结果树、青壮年树梢果矛盾是造成严重落果的主要原因之一，及时抹除过旺春梢和控制夏梢，能够保证幼果营养充足，提高坐果率。在现蕾和落花后，采用人工摘除的办法，摘除生长过旺的春梢和落花的无果营养枝，基本方法是在春梢自剪前按照“三去一”“五除二或三”的原则疏除部分春梢。

在 5 月中旬至 6 月下旬生理落果期间抽发的夏梢通过人工抹芽控梢的方法抹除或用控梢药剂进行抑控梢，以减少养分消耗、有效地防止落果。人工抹芽控梢在夏梢吐出 3~5 厘米时进行。使用化学药剂控梢，方法简便，省时省力。控梢主要用多效唑，在夏梢萌发时喷 500~750 毫克 / 升的多效唑（50 千克水加 15% 多效唑 0.18 千克），控梢效果明显。杀梢在夏梢 5 厘米以下时使用，可以喷 0.1%~0.15% 青鲜素 [50 毫升（50 克）~75 毫升（75 克）兑水 50 千克]，或用杀梢灵（每包

使用药剂控（杀）夏梢

兑水 15 千克），充分溶解后喷于嫩梢叶片上。有些地方的果农用除草剂来进行控梢，也有比较好的效果。要注意的是，使用化学药剂控梢，一定要按照规定浓度、规定方法使用，不要随意提高浓度，不要在高温期间喷施，也要根据树体生长状况使用控（杀）梢药剂。最好先小范围进行试验，掌握使用方法与应用条件后再大面积使用，避免影响果实。

（5）盛花期放蜂　春甜橘有异粉杂交的特性，单一品种种植授粉受精率较低。盛花期采用放蜂措施能辅助春甜橘的花粉传播，有效提高授粉水平，为丰产打下良好的基础。蜜蜂在半径 250 米的范围内活动最多，所以蜂群最好分散在果园中放养。一般 7~8 亩果园配置一群蜂。

（6）雨后摇花，高温干燥天气果园喷水、灌水　开花时期如遇长期阴雨天气，花朵容易积水，影响花粉散发和蜜蜂传粉，导致开花后的花瓣和花丝粘附在小果上，影响小果的光合作用，也容易引起病害的发生，应及时摇落凋谢花朵中的积水，提高授粉水平，增加小果接受的光照和减少病虫害的滋生。摇花一般从盛花开始，每 3~5 天摇花 1 次，以震落花瓣，使幼果接受充足的阳光，促进保果。对于密植封行的果园，此措施尤为重要。花期如遇高温及过于干燥天气，应对树冠和花朵进行喷清水，补充树体水分，提高大气湿度，降低柱头黏液浓度。如能结合人工授粉喷洒花粉水，可增加授粉机会，提高坐果率。

（7）病虫害防治　及时防治病虫害是春甜橘保花、保果的重要措施，如有疏忽，将会造成严重落果和生成残次果。在果实发育期，应加强对红蜘蛛、溃疡病、炭疽病等的防治。

（8）防涝防旱　保花、保果期间要保持土壤湿润，避免土壤干湿失调而引起烂根，产生大量落花、落果。雨水过多时及时排除渍水，遇旱要灌水。

（9）疏花疏果　结合冬、春季修剪，剪除部分弱小、密集的结果母枝，开花期间对花量大的树可进行疏花，强旺枝适当多留花，弱小枝、无叶果枝少留或不留。第1次生理落果后疏除小果、病虫果、畸形果和过密果；第2次生理落果后按照叶果比适当疏除部分果实，病树、老弱树适当加大叶果比，对提高果实质量有良好的效果。

四、裂果的防治

春甜橘果实皮薄，迟熟，夏、秋季普遍发生裂果现象。春甜橘裂果率一般为10%~20%，高的超过30%，严重影响果实的收成。裂果一般从6月开始出现，到11月基本停止，7—9月裂果最多。

春甜橘果皮较薄，时有裂果发生

1. 裂果原因

（1）树体内部营养水平　偏施氮、磷肥，少施硼、钾、钙肥等，致使果皮变薄，原果胶变成可溶性果胶，进而使果皮的弹性下降，易产生裂果。

（2）树体内部激素水平　树体内部激素如生长素含量低，果皮薄；赤霉素含量低，果皮的韧度就差，易裂果。

（3）水分供给不均衡　6—10月，天气炎热、多变、骤晴骤雨，尤其是比较长时间干旱后出现大雨或灌水过多，果皮与果肉生长矛盾而引起裂果。在春梢抽生期，干旱少雨的年份，夏、秋季的裂果率较高，有灌溉条件的果园，及时灌水抗旱，可降低裂果率。

（4）伤口　果皮具有破裂的突破点，如机械伤口、病虫害伤口、日灼果、皱皮果等，在久旱遇骤雨时，果皮与果肉生长矛盾而引起裂果。

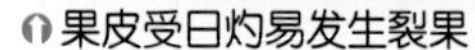

果皮受日灼易发生裂果

果实有伤口易发生裂果

2. 预防和减少裂果的技术措施

（1）合理平衡施肥　注意氮、磷、钾肥混合使用，适当增加钾肥施用量，补充硼肥；增施石灰，每株树撒石灰粉 0.5 千克，增加土壤钙元素。

（2）及时喷施叶面肥　用 2%~3% 草木灰浸出液加 0.2% 尿素和 0.1% 硼砂作叶面追肥 2~3 次，可减少裂果。花期、幼果期结合喷药加入含锌、硼、镁、钙元素的氨基酸叶面肥，如沃家福、金装绿兴液肥 500 倍液。7—9 月，喷施 0.3%~0.5% 硝酸钙溶液 2~3 次，或用氯化钾 100 克加食醋 100 毫升加石灰 100 克兑水 50 千克喷洒树冠，或用 1% 石灰水加 0.2% 氯化钾，每隔 15~20 天喷施 1 次，连喷 2~3 次。

（3）加强水分管理　6—10 月，大雨或暴雨时，对渍水要及时排除。在无雨、干旱时，要对树盘淋水或灌水。先用喷雾器喷湿树冠，然后再灌水，并用农作物秸秆及杂草覆盖地面。

（4）喷施植物生长调节剂　6—7 月果实膨大初期喷施 20 毫克 / 升赤霉素或保果防裂素等保果防裂药物。个别树出现裂果迹象时用 0.3% 尿素液加赤霉素 20 毫克 / 升（50 千克水加赤霉素 1 克），或 0.01% 天丰素 7 毫升加绿芬威 3 号 25 克兑水 15 千克进行叶面喷施，每隔 7 天喷施 1 次，连喷 2~3 次，有比较好的防裂效果。8 月初喷 1 次绿得钙（1 000 倍液），9—10 月后再喷 1 次绿得钙（1 000

倍液），防裂效果更明显。

（5）地膜覆盖　地膜覆盖能够很好地减少土壤水分的散失，维持水分的平衡供应，对预防裂果有良好的效果。

地膜覆盖能够很好维持土壤水分平衡，防止裂果效果明显

（6）加强土壤管理　铲除杂草，松土，利用杂草和绿肥覆盖树头。干旱初期在树盘内浅耕 8~12 厘米，行间深耕 15~25 厘米，防止土壤水分失调，避免果实吸收水分太多使内径膨胀，从而产生裂果。果园生草法管理也能有效减少裂果。

第六节　树体保护

一、防台风害

广东每年 6—9 月有台风吹袭，对春甜橘的生产产生很大影响，经常造成伤枝、伤果，甚至折枝、倒树。同时台风带来的强风暴雨引起丘陵山地果园水土流失，严重时冲毁果园，平地、水田果园水浸，引发炭疽病等病虫害的流行。

大风刮伤果面症状

1. 预防台风为害的措施

（1）选好园址　不在容易遭受台风正面吹袭的地点建园；经常遭受台风吹袭的地区，应当选择能够避风的坡向建园。

（2）建防护林　在果园四周建立防护林，降低风速，调节小气候环境。

（3）立支柱　在植株中间或旁边立支柱支撑枝条，并用绳拉枝，防止果实撞伤而感病，避免台风吹折枝条。

（4）选好砧木　选择根系发达、抗风力较强的酸橘做砧木。

2. 台风为害后的护理措施

（1）开沟排水，修整果园　台风过后，应当及时修整被雨水冲毁的沟坎，疏通园内水沟，排除积水，降低地下水位，加快表土干爽。受淤泥堆积的果园，要扒土、松土，清除淤泥。

（2）护理植株，培土培肥　用清水洗净枝叶，扶正被风或被雨水倾倒的植株，并培土培肥，保护和促进根的生长。对受损的枝条进行更新处理，剪除吹折的枝条，摘除烂果。喷施 0.2% 尿素加 0.2% 磷酸二氢钾，护叶保果。剪除发黄老叶和未成熟新叶，只保留部分功能叶片，减轻蒸腾作用带给根系吸收水分的压力。积水排除后，应及时中耕松土，促进根系有氧呼吸。在柑橘树盘上，扒开部分板结的土壤，这样有利于深层土壤水分蒸发和氧气进入土壤中，并排除因淹水而留存在土壤中的硫化氢等有毒物质。

（3）修剪枯枝　排除园内积水后，洗去枝、叶上的污泥和尘灰，剪去枯枝，短截或回缩修剪弱枝，促进抽生新梢。

（4）防控病虫害　台风过后，及时清除园内断枝落叶，喷施杀菌剂防控炭疽病等病虫害的发生。对落叶后外露的枝、干，可用 1 ： 5 石灰水刷白，以防止发生树脂病。对枝干伤口，再涂抹托布津 20 倍液等保护剂，预防病菌感染发病。

二、防冻害

近几年，连续出现冬季温度偏低，树体和果实受冻情况多有发生。春甜橘树体能够抵御 –3℃，甚至 –5℃的低温，但由于果实大多在 12 月至翌年 2 月温度最低的季节采收，而果实又是最不耐寒的，0℃即会受冻，老熟较迟的晚秋梢也经常会受到低温霜冻的影响。因此，关注霜冻天气预报，提早做好防冻害措施对于春甜橘冬季田间管理非常重要。

冬季低温对枝梢和叶片的伤害症状表现

1. 预防冻害措施

（1）加强管理，增强树势，提高树体抗寒能力　秋、冬季增施磷、钾肥和硼、锌、镁、锰、钼等微量元素，多施有机肥，适当控制氮肥的施用。

（2）利用人工设施防冻　用竹竿、铁管等作支架，然后用薄膜覆盖树体，防霜防冻。

（3）树盘松土，覆盖保温保湿　进入 11 月后，结合施肥和断根促花，进行树盘松土，并用杂草、稻草等进行树盘覆盖，减缓土壤水分散失，提高土温。

（4）果园熏烟、树干涂白防冻　在果园植株间空地，用杂草、枯枝落叶、谷壳等堆成小堆，上面盖上薄泥，于下半夜点燃，并维持到早上 7:00—8:00。

（5）及时抢摘果实　关注天气预报，在低温霜冻到来之前抢摘果实，减少经济损失。

树干涂白

2. 受冻树体管理

（1）受冻树的护理　轻度受冻（1~2 级冻害）的植株树体损伤较轻，一年生枝条多数健绿，部分老叶健在，只是枝条末端及未够老熟的受损，春季温度上升后基本能够较快恢复树势。对这类植株，在萌芽前疏剪或在健康部位短截受损的枝条，培养健壮春梢，必要时春梢老熟后进行 1 次复剪。中度受冻（3 级冻害）的植株一年生枝基本冻死冻伤，部分骨干枝冻伤，不能够正常开花，当年基本无产量。对这类植株，在春季萌芽前后疏剪或在健康部位短截受损的枝条，春梢抽发后及时进行抹芽控梢，疏除过密新梢，使其分布均匀。每次新梢长至 25~30 厘米时进行摘心或短截，促使分枝，加速树冠形成，培养壮梢。要力争第 2 年恢复冻前产量的 50%，第 3 年恢复冻前产量。重度冻害树（4 级冻害）一至三年生枝与大部分骨干枝冻死，主干受冻严重，应在萌芽后确定健康部位锯去枝干，锯口涂保护剂。在春梢 4~5 厘米长时，选留分布均匀、方位适宜的 4~5 条枝梢，作为主枝预备枝培养，重新培养丰产树形。冻死树（5 级冻害）

接穗部分基本冻死，枳砧木健绿。对于仅有零星死株的果园，可挖除冻死树集中烧毁，对植株连片冻死的果园，应全部挖除，改种其他作物。

（2）土、肥、水管理　加强土、肥、水管理是受冻春甜橘树尽快恢复树势的关键措施。对于能正常开花结果的轻冻树，应注重花谢后施保果肥，并及时喷施根外追肥护叶。枝梢受冻但根部仍正常的果园应采取开沟改土下基肥，即地上部与地下部同时更新措施。对中度冻害以上的，宜掌握薄肥勤施和根外追肥相结合原则，于各次新梢期，适时适量进行追施。此外，春、夏季多雨时应重视果园开深沟排水，尤其是地势低洼的，要求主沟深达60厘米以上，并结合施肥及时进行中耕松土，促进根系发育。

（3）保花、保果　植株受冻后即使是轻冻树，树势较弱，花质差，落花落果严重。对此类树宜实施综合性的保果措施，并在花谢

冬季进行薄膜覆盖防寒护果

搭简易棚架防寒护果

后，第 1 次、第 2 次生理落果前使用植物生长调节剂进行保花、保果。可选用浓度为 30~40 毫克 / 升的赤霉素或其他保花、保果素喷布树冠 2~3 次。注意不能够采用环割措施保果，并需根据植株表现缺乏微量元素症状，针对性地结合叶面喷施。

（4）加强病虫害防治　冻害发生后树势较弱，叶片少，枝干裸露程度大，伤口多，要做好病虫害防治，尤其应重视树脂病和日灼病的防治。

三、防旱害

果园发生干旱后应当采取适当措施保护树体，具体可以采取以下措施：

（1）及时供水　树体受到干旱后，应及时供水。由于树体比较长时间干旱后，根系和叶片受到一定的损伤，吸收功能下降，补水量应逐次增加，不可一次突然大量供水，以免继续伤根伤叶。

（2）增施肥料　增加施肥可以促进树体恢复生机。施肥宜用水肥，或施肥后灌（淋）水，最好采用叶面喷肥方法。每隔 7~10 天，叶面喷肥 1~2 次，每次喷施 0.3% 尿素加 0.2% 磷酸二氢钾溶液。土壤施肥每次每株施入腐熟的 20% 人（畜）粪水加 200 克尿素，以利于柑橘根系尽快吸收利用。

（3）喷布植物生长调节剂　旱情解除后可使用浓度为 10~15 毫克 / 升的 2,4–D 溶液，喷布树冠，防止叶片脱落。

秋冬季干旱造成植株叶黄、卷叶、落叶

（4）合理修剪　对受中度旱害的植株，应尽量保留现有枝叶，修剪宜轻；对受重度旱害的植株，应适度回缩 2~3 年生枝，促进树冠内膛多发枝梢。

（5）保护树体　受旱害比较严重的植株，枯枝、落叶较多，容易受日光灼伤，应及时在枝干伤口处用托布津 20 倍液或叶枯宁 20 倍液进行涂抹，加以保护。涂干后再用塑料薄膜包扎，以促进伤口愈合。

四、冬季异常落叶的预防

春甜橘受到不良环境影响或管理不善，容易出现叶片发黄、不正常落叶的现象，特别是秋、冬季发生异常黄化落叶更为严重，影响果实产量和树体寿命。冬季严重落叶影响花芽的正常分化和分化后的春梢、叶、花的生长发育，进而影响翌年产量。

冬季植株异常落叶

1. 冬季异常落叶的原因

（1）施肥不当，肥料缺乏　当年结果过多，养分不足，特别是缺少微量元素而引发缺素黄叶；单施、重施化肥，土壤酸化，施用未经腐熟的有机肥，在干旱期间干施化肥或肥液浓度过高都会导致黄叶落叶。

（2）异常天气伤害引起落叶　冬季发生冻害后引起大量叶片发黄脱落。雨水过多引起烂根或过度干旱引发黄叶。

环剥口过大，树皮伤口难以愈合，树体地下部与地上部养分运输失调

（3）环割（剥）不当或过度引起黄叶　环剥口过大或环割过深引起割口流胶，环割（剥）位置过度集中在树枝（干）的一段，或对弱树进行多

次环割（剥），树皮伤口愈合慢，导致树体地下部与地上部养分运输失调而出现叶片黄化。

（4）病虫为害，盲目用药引起黄叶落叶　红蜘蛛、炭疽病、树脂病、裙腐病等病虫害的发生引发植株落叶。

（5）冬季控梢促花措施过度引起落叶　除草剂药害造成黄叶。使用 2,4–D 喷洒橘树，结果没多久树叶变黄脱落。

2. 冬季落叶的预防措施

（1）及时防治病虫害护叶　入冬后，全园喷 1 次 30% 氧氯化铜 600 倍液消灭越冬的病虫，每片叶上红蜘蛛数量超过 3 头时，喷 73% 克螨特 2 000~3 000 倍液，或用尿洗合剂、油碱合剂、烟草石灰水等农药防治。发现裙腐病病株，将病株根颈部的土壤扒开，用利刀刮去腐烂皮层及已变色的木质部后，再轻刮一层无病组织，用 25% 瑞毒霉可湿性粉剂 400 倍液，涂药后换掉原来的老土，改埋疏松沙壤土，促发新根。树干涂白。

（2）施肥护叶　增施有机肥，使用腐熟有机肥。喷施 0.2% 尿素加 0.2% 磷酸二氢钾，或喷施 1% 复合肥加 15 毫克 / 升的 2,4–D（50 千克水加复合肥 0.5 千克再加 0.5 克的 2,4–D）或 500 毫克 / 升的多效唑（50 千克水加多效唑 25 克），每隔 10~15 天喷 1 次，连续 2~3 次。干旱时施肥后应立即淋水，并覆盖保湿。

（3）修剪护叶　主要是通过修剪，改善光照条件，促进叶片光合作用。按留疏去密、留强去弱的原则，剪除密生交叉枝、枯枝、病虫枝和扫把枝，以及树冠中上部外围的衰退枝。

（4）保护环割（剥）伤口护叶　先将环割（剥）伤口处的流胶用刀刮干净，然后用 25% 瑞毒霉可湿性粉剂 400 倍液涂环割口，再用干净的塑料布包扎，防止病菌侵染，并每隔 10 天左右，向树上喷洒 0.3% 尿素加 0.3% 磷酸二氢钾等叶面肥，或注射营养液以恢复树势。

采用挂袋注射营养液

伤口处理后包扎保护

第一节　病虫害综合防治

病虫害的综合防治是指采用综合栽培管理技术，压低虫源、病源，按照“预防为主，综合防治”的方针，以自然控制为中心，重视利用周期性的气候条件变化及其他环境因素，保护和助长害虫天敌，对主要病虫害开展预测预报，指导开展生物、物理、农业措施防治和药剂防治，把病虫害控制在造成经济损害水平之下。

一、柑橘病虫害发生基本规律与防治重点

柑橘病虫害种类多，发生比较普遍和为害比较严重的主要有红蜘蛛、锈蜘蛛、潜叶蛾、介壳虫、蚜虫、木虱、凤蝶等害虫和炭疽病、溃疡病、疮痂病、黄龙病等病害，但大部分集中于新梢期、花期、幼果期及果实近熟期或成熟后为害。柑橘的病虫大多有越冬习性，冬、春季的修剪清园工作，对减少越冬病虫基数，有事半功倍

之效。防治策略上应以主要病虫害为主要对象，兼治其他病虫，重点把握冬季休眠期、抽梢期、现蕾期、果实膨大期及果实近熟期等关键时期，以保梢、保花、保果为目的，加强田间管理，增强树势，进行综合防治。

二、病虫害综合防治措施

1. 植物检疫防治

苗木、接穗、种子是病害传播的主要途径。严禁检疫性病虫害从疫区传入尚无疫情的产区和新区，禁止从疫区调运或携带苗木、接穗、果实和种子，一经发现应立即烧毁。应十分注重黄龙病的隔离检疫，保护新产区的安全。同时对有疫情的老产区要加强防治，逐年减少其基数。

2. 保护天敌，开展生物防治

果园株行间种植藿香蓟、柱花草、假花生等良性草，以保护天敌的生存环境。自然条件下柑橘害虫的天敌比较多，如长尾小蜂、姬蜂、小茧蜂和赤眼蜂及其他十几种寄生蜂，对凤蝶、卷叶蛾等有很好的控制效果；红点唇瓢虫、黑缘红瓢虫可控制介壳虫；黑土蜂、寄生菌可控制金龟子。通过人工大量繁殖和释放其天敌，如介壳虫防治可考虑人工繁殖和释放红点唇瓢虫、大红瓢虫、澳洲瓢虫；凤蝶、卷叶蛾等可用赤眼蜂、小茧蜂来防治；用七星瓢虫、异色瓢虫、草蛉、食蚜蝇、寄生蜂防治蚜虫；人工释放捕食螨（如钝绥螨）或利用食螨瓢虫、日本方头甲、塔六点蓟马、草蛉、长须螨等防治红蜘蛛、锈蜘蛛。开展生物防治时要注意选用植物源农药等高效、低毒、低残留的农药，提倡使用苏云金杆菌、苦烟水剂及阿维菌素等生物农药，尽量避免杀死天敌。在柑橘园旁边种植藿香蓟，帮助增加捕食螨的数量，稳定种群。

瓢虫和草蛉能够捕食多种害虫，应当予以保护

3. 采果后结合秋、冬季修剪，做好清园工作

采果后一定要做好清园工作，清除果园地面的枯枝落叶，结合修剪剪除树上的枯枝、病虫为害严重的枝叶、果实等集中烧毁，减少翌年病虫侵染源，然后喷 1~2 次 1 波美度的石硫合剂、30% 氧氯化铜 600 倍液、95% 机油乳剂 200~300 倍液或松脂合剂 10~15 倍液，喷药时用药量要足，叶面、叶背、树干和地面也需喷药。

4. 加强农业措施防治，提高树体抗病虫害能力

加强肥水管理，增加树体营养，提高抗病虫害能力。夏季多雨时期注意排水，防止烂根和裙腐病等主干性病害的发生。抹芽控梢，统一放梢，减少潜叶蛾、蚜虫、木虱等害虫的为害。通过修剪，去除交叉枝、过密技，改善树冠通风透光条件，提高植株抗病虫能力。果实生长发育期间疏去病虫果、畸形果、过小果，既可减少一些病虫源，又可减少养分的消耗。黄龙病症状最明显时期及时挖除病树，减少病源。冬季中耕，深度以 10~15 厘米为宜，以消灭越冬花蕾蛆、橘实雷瘿蚊、蜗牛等地下害虫。

5. 加强物理防治措施

根据虫害的发生规律和趋光性、趋色性等生活习性，用诱虫灯、诱虫瓶、粘虫板等诱杀害虫，如在 4 月中下旬和 5 月下旬至 6

月上旬用黑光灯或糖酒醋液（糖1份、酒2份、醋1份、水4份加0.2%的敌百虫晶体）诱杀卷叶蛾、金龟子成虫等。对有些害虫，可采用人工捕捉的方法，如5—6月在中午捕杀星天牛，晚上捕杀褐天牛，9—11月晚上捕杀吸果夜蛾。利用昆虫假死性人工摇树震落捕杀金龟子成虫。早春可人工割除蚜虫卵块、介壳虫母蚧等。用性引诱剂诱杀橘小实蝇成虫。

黄色诱（粘）虫板

太阳能诱虫灯诱杀害虫

振频式诱虫灯

自制粘虫瓶

自制诱虫瓶

果园养鸡有利于减少虫害，但要注意农药的施用

6. 抓住重点时期，开展无公害化学综合防治

设置害虫预测预报装置，监测害虫发生规律

在果园不宜用高毒、高残留的化学农药。要把握防治适期用药，提高防治效果；轮换交替使用农药，减缓病虫抗性；优先使用矿物源、植物源、微生物源农药和昆虫生长调节剂，推广高效、低毒、低残留的化学农药，禁止使用高毒、高残留农药，降低农药残留。当某种害虫十分猖獗时，可适当使用一些低毒、低残留的化学农药、植物杀虫剂、机油乳剂等进行防治，尽量避免杀伤自然天敌，如可用吡虫啉或印楝素等防治潜叶蛾和金龟子等，用机油乳剂防治介壳虫和红蜘蛛等；对裙腐病等树干病害，刮除病斑后，涂抹氧氯化铜保护，效果良好。

果园配药池，一次配好足量药剂，浓度均匀准确

第二节　主要病害及其防治

一、柑橘黄龙病

柑橘黄龙病也叫黄梢病，是柑橘上发生的一种毁灭性的传染性病害，是广东、广西、福建等省区柑橘最重要的一种病害。该病因表现为枝梢发黄而得名。植株感染黄龙病后，幼龄树通常在1~2年内死亡，结果树则会迅速衰退，丧失结果能力直至死亡，对柑橘生产影响十分严重。

柑橘黄龙病植株上出现的黄梢

1. 发病症状

（1）黄梢　植株开始感染黄龙病时，少数顶部梢在新叶生长过程中不转绿而表现黄化，春梢、夏梢、秋梢均会发病。

（2）黄叶　植株感染黄龙病后叶片黄化，类型有3种：

一是斑驳状黄化。叶片转绿后，从叶脉附近到叶片基部和边缘开始发黄，黄绿相间，形成花叶状。由于出现时间比较长，症状特征明显，是田间判断的主要症状。

结果树柑橘黄龙病

叶片均匀黄化

缺素状黄化叶

二是均匀黄化。初期发病树在春梢、夏梢、秋梢发生，新梢不转绿，叶片均匀黄化、叶硬化而无光泽，在春梢发芽前脱落，是田间判断的主要症状。

三是缺素状黄化。叶片在生长过程中表现类似缺锌状或缺锰状黄化，叶厚而细小，称为“金花叶”。虽然也是植株感染了黄龙病的一个症状表现之一，但不能作为田间判断该树是否黄龙病的主要依据。

（3）花果症状　病树春季提前开花，花量大，结果少，病果小而畸形。果实成熟时近果蒂处果皮呈红色，其他部位呈黄绿色，称为“红鼻果”或“青果”，果农又把它称为“不成熟的果”，是识别黄龙病最容易、最准确的症状。

红鼻果

发病果园行间嫁接的小苗发病

2. 发生条件

（1）病原和传媒昆虫　黄龙病的病原属于韧皮部杆菌属细菌，其传媒昆虫为亚洲柑橘木虱。

（2）传播途径　传播途径有两种，即嫁接苗木传播和柑橘木虱传播。远距离传播通过采用黄龙病树上的枝条嫁接苗木而传播，是一种人为传播。苗木培育、销售无序，大量有病苗木流向市场，造成远距离、大范围的人为传播。田间传播为柑橘木虱传播。柑橘木虱是柑橘黄龙病在果园的唯一非人为传播媒介。土壤、流水、大风、修剪、其他昆虫及动物都不能传染黄龙病。只要果园中没有柑橘木虱，黄龙病就不会传播开来。

3. 防治措施

栽种无病苗是基础，杀灭柑橘木虱是根本，杀灭木虱优先于砍、挖病树。只有保证有效杀灭木虱的前提下，才能砍、挖病树，否则会造成人为传播。

（1）检疫防治　禁止病区的苗木及带病繁殖材料（如接穗）向无病区调运。不买不种来历不明的苗木。

（2）建立无病苗圃，培育无病苗木　无病苗圃应当建立在无病区，或隔离条件好的地区。采用全封闭式网棚培育无病苗木。

（3）建园选址　在病区建园，要与果园相距 2 千米以上。

（4）农业防治　对于树冠管理，采用统一放梢，控制树冠，复壮树势，调节结果量。加强结果树的水肥管理，实行平衡施肥，加强排水，防止烂根。

（5）积极防治柑橘木虱　柑橘木虱是柑橘黄龙病自然传播媒介。防治好柑橘木虱，对控制黄龙病尤为重要。管理上采用统一放梢，使所放出的秋梢整齐，便于有效防治柑橘木虱等病虫害。果园附近不要种黄皮、九里香等芸香科寄主植物。

（6）及时处理发病树，消灭病源　黄龙病传播快，控制难度大，稳妥的办法是发现发病树立即坚决挖除，幼龄树和初结果树，挖除病树后半年补种，盛产期果园不考虑补种。对已经严重发病的果园，则应当彻底清除植株，集中烧毁，改种其他作物。

二、柑橘炭疽病

柑橘炭疽病为害叶片、枝梢、花穗和果实，导致树体衰弱、枯枝、落叶，果实大部分脱落，少数呈僵果挂在树上，严重时采前落果达 20%。该病也是一种贮藏性病害，病果在贮运过程中不仅容易发生腐烂，而且会传染其他果实，引起发病，增加烂果。

1. 发病症状

（1）叶片症状　在广东，柑橘炭疽病为害叶片有两种类型：一是急性型，多从叶缘和叶尖或沿主脉产生淡青色或暗褐色小斑，似开水烫伤，迅速扩展成水渍状波纹大斑块，病部组织枝死后多呈“V”形，叶片内卷、直立。二是慢性型，病斑多发生在边缘或叶尖，近圆形或不规则形，浅灰褐色，边缘褐色，与健部界线十分明显，后期或天气干燥时病斑中部干枯，褪为灰白色，表面密生稍突起，排成同心轮纹状的小黑粒点。

（2）枝梢症状　枝梢症状也有两种：一种是由枝梢顶向下扩展，病部褐色，最后枯死，枯死部位与健全部位分界明显；另一种是发生在枝梢中部，从叶柄基部腋芽处开始，病斑初为淡褐色椭圆形，后扩大为长梭形，当病斑环枝梢 1 周时，病梢即干枯。苗木受害，多在离地面 6~9 厘米或嫁接口开始，形成不规则的深褐色病斑，导致主干枯死和枝条干枯。

（3）花果症状　花器发病，变褐腐烂，引起落花。果梗受害初时褪绿呈淡黄色，其后变褐、干枯、呈枯蒂状，果实随之脱落。幼果发病，初为暗绿色油渍状不规则病斑，后扩大至全果，病斑凹陷，变为黑色，成僵果挂在树上。大果症状有干疤型、泪痕型和腐烂型 3 种。

慢性型发病叶

急性型发病果实

慢性型炭疽病枝条症状

慢性型炭疽病果实

2. 发生条件

柑橘炭疽病为真菌性病害，病原为盘长孢状刺盘孢菌，属半知菌亚门，3—12 月均可发生。病原菌以菌丝体和分生孢子在病部组织如病叶、病梢、病枝、病果上越冬。

3. 防治措施

（1）农业防治 加强栽培管理，培育强壮树势，提高树体的抗病能力；增施磷钾肥和有机肥，避免偏施氮肥；及时开深沟排除积水；及时抹芽控梢，适时统一放梢。冬季清园剪除病叶、病枝，清除落叶、病果，并集中烧毁，减少病源。清园后喷施30%氧氯化铜600倍液。

（2）药剂防治 在春芽萌动和花落2/3时喷80%大生M–45可湿性粉剂600~800倍液、势克3 000~4 000倍液或75%达科宁（百菌清）500~800倍液。春梢期至7月，喷施0.5%波尔多液、70%代森锰锌800倍液、70%甲基托布津800~1 000倍液、60%霜炭清600~800倍液等。过冬时喷施加瑞农800~1 000倍液1~2次，隔30天1次。

三、柑橘疮痂病

柑橘疮痂病是柑橘的主要病害之一，造成叶片扭曲畸形，果实小而畸形并易脱落，影响树体生长和果实产量。

1. 发病症状

叶片发病初出现的油斑为油渍状小点，后扩大为黄褐色斑点，木栓化，呈圆锥状向叶背突起，病斑连片或散生，叶粗糙、畸形、扭曲；枝梢上病斑与叶片类似，但病斑突起不明显；果实受害后果面病斑呈圆锥状突起，果皮粗糙而厚，果小，多易脱落。

柑橘疮痂病果实症状

2. 发生条件

柑橘疮痂病适合发病的温度为15~24℃，温度超过24℃时停止发病。春梢期低温多雨，发病比较重；夏季气温高一般不发病。幼嫩组织易感病，老熟组织则比较抗病。

3. 防治措施

（1）选择无病苗木，防止带入病穗　嫁接用的接穗可以用 50% 苯来特可湿性粉剂 800 倍液浸 30 分钟消毒。

（2）农业防治　加强肥水管理，增施钾肥和有机肥料，提高树体抗病能力。结合冬春季修剪剪除病叶、病枝，清除落叶、病果，并集中烧毁，减少病源。清园后喷施 30% 氧氯化铜 600 倍液。

（3）药剂防治　在春芽萌发生长到不超过 2 毫米时喷第 1 次药，落花后喷第 2 次药。药剂可选用 80% 大生 M–45 可湿性粉剂 600~800 倍液、势克 3 000~4 000 倍液、77% 可杀得悬浮剂 800 倍液、30% 氧氯化铜 600 倍液或 70% 甲基托布津 800~1 000 倍液。

四、柑橘溃疡病

柑橘溃疡病是为害柑橘果实、枝、叶的主要病害，是检疫性病害。树体染病后出现落叶，幼果脱落，大果果面产生病疤，严重降低商品价值。

溃疡病叶片症状

1. 发病症状

柑橘溃疡病是一种细菌性病害。叶片染病后初期出现米黄色油渍状小病斑，继而在叶片正反面逐渐扩大后呈圆形斑且隆起，表面木栓化而粗糙，中央开裂呈火山状，病斑四周有黄色晕圈，受害严重时脱落；枝梢受害初期也出现米黄色油渍状小病斑，扩大后呈圆形、椭圆形或连成不规则形隆起，病斑四周无黄色晕圈，病斑环绕四周后枝条枯死；果实受害出现的病斑基本与叶片相似，但火山状开裂更明显，病斑较大，木栓化程度更高，青果病斑四周有黄色晕圈，受害严重时脱落，果实成熟后晕圈消失。

2. 发生条件

病菌在病部长期存活，潜伏于叶片、果实和枝条的组织内越冬。翌年春季温度、湿度适宜时从病斑溢出病菌，借风雨、昆虫和枝叶交接传播。病菌由气孔、皮孔、伤口侵入，潜伏期 3~10 天，一般 4~6 天。发生的最适温度为 25~30℃，高温多雨时病害易流行。

3. 防治措施

（1）检疫防治　禁止从病区调运苗木、种子、接穗、果实等。调运的砧木、种子要进行消毒处理，用 55~56℃的热水浸种 50 分钟，或用 5% 高锰酸钾溶液浸种 15 分钟，然后用清水清洗后晾干播种。

（2）培育无病苗木　无病苗圃应相对隔离，远离柑橘园 2~3 千米。砧木、种子和接穗均应来自无病区。

（3）农业防治　合理施肥，抹芽控梢，统一放梢，积极防治潜叶蛾、蜗牛等害虫，以减少病菌从伤口侵入的机会。局部或零星发生的果园，应采取烧毁病株等措施，彻底消灭病原。冬季清园剪除发病枝叶，清除田间地面病叶、病果并集中烧毁，树体和地面喷施 0.8~1 波美度石硫合剂。

（4）种植防护林　减轻台风对树体的伤害。

（5）药剂防治　喷药保护的重点是春梢、夏梢、秋梢抽发期和幼果期。春梢抽发 2~3 厘米时喷第 1 次药，谢花后 10 天及 30 天各选喷 1 次 25% 叶枯宁 500~1 000 倍液、20% 叶青双 400~800 倍液、25% 叶橘灵 300~500 倍液或 10% 叶枯净 300~500 倍液。5 月下旬后，根据果园发病情况，喷药防治。药剂种类可选用 30% 氧氯化铜悬浮剂 600 倍液、农用链霉素 700~900 单位 / 毫升、50%DT 可湿性粉剂 700 倍液、25% 噻村唑（叶枝唑）、20% 叶青双 500~800 倍液、50% 加瑞农 500~800 倍液或 50% 甲霜铜 500~800 倍液。

五、柑橘煤烟病

柑橘煤烟病是发生普遍的真菌性病害，由30多种真菌引起，多为表面附生菌。该病长出的霉层遮盖枝叶、果实，阻碍光合作用，影响树体生长和果实质量，并会诱致幼果腐烂。

煤烟病叶片症状

1. 发病症状

病菌以蚜虫、介壳虫、粉虱、蛾蜡蝉类、木虱等的分泌物为养料，感病部位初期出现黑色小斑点，逐渐扩大布满黑毒霉，呈煤烟状。叶片上的霉层易脱落，但枝叶表面仍为绿色，后期霉层上形成小黑点。煤烟病严重时，叶片卷曲、褪绿或脱落，幼果腐烂。

2. 发生条件

煤烟病菌以菌丝体、分生孢子器在病部过冬，翌年分生孢子借风雨传播。5—6月为发病高峰。荫蔽潮湿、虫害严重的果园有利于该病的发生。

3. 防治措施

（1）农业防治　结合冬、春季修剪剪除病叶、病枝，清除落叶、病果，并集中烧毁，减少病源；疏除内膛过密枝条，改善树冠通风透光条件，降低湿度；密植果园及时间伐，增加果园通风透光。

（2）及时预防　及时防治蚜虫、介壳虫、粉虱、蛾蜡蝉类、木虱等害虫。

（3）药剂防治　发病初期喷0.5%波尔多液、30%氧氯化铜700倍液、50%多菌灵800倍液、80%大生M-45可湿性粉剂600~800倍液、势克3 000~4 000倍液，以抑制其蔓延。

六、柑橘根结线虫病

柑橘根结线虫病在广东柑橘产区时有发生。线虫侵入根部须根，引起根组织过度生长，形成大小不等的根瘤，导致根系腐烂、死亡，树体衰退，果实产量品质下降，严重时失收。

1. 发病症状

该病的病原为根结线虫，居于土壤中，只为害须根，在根皮和中柱间为害，引起须根膨大，组织增生形成大小不等的根瘤，根瘤初期为乳白色，后变为黄褐色。受害根扭曲、盘结，最后腐烂坏死，失去吸收功能。为害比较轻时，地上部分无明显症状表现，严重时导致树势衰退、叶片失绿、落叶，甚至全株凋萎枯死。

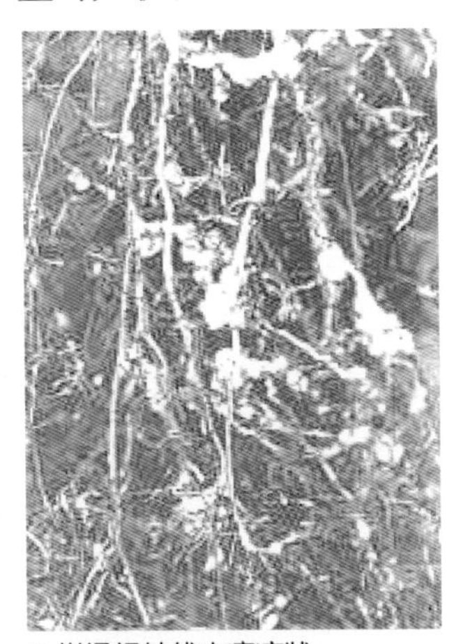

柑橘根结线虫病症状

2. 发生条件

根结线虫以卵或雌虫在土壤或根部越冬，翌年 3—4 月温度回升时卵孵化。幼虫和成虫随耕作或水流传播。带病苗木或土壤的调运是主要远距离传播途径。透水透气性好的沙质土壤易发生，黏性重的土壤发病较轻。

3. 防治措施

（1）检疫防治　禁止病区的带病苗木及土壤向无病区调运。带病苗木及土壤可用 45℃的温水浸根 30 分钟，以杀死幼虫。

（2）烧毁病株　挖除病株烧毁，每株施石灰 1.5~2.5 千克。

（3）药剂防治　2—4 月在病树四周环形开沟，用 80% 二溴氯丙烷 250 倍液浇根，每株浇 7.5~15 千克；也可用 15% 铁灭克或 10% 克线丹散施于环形沟内，每亩施 5 千克，施后盖土并淋水。

七、柑橘树脂病

柑橘树脂病是柑橘重要病害之一，主要为害柑橘的枝干、叶片和果实。在枝干上发生的称树脂病，在叶片上和幼果期发生的称沙皮病，贮运期间果实上发生的称褐色蒂腐病。为害枝干、叶和幼果，会抑制枝梢、叶片和幼果的生长，影响树势，降低果实产量和品质，严重时引起整株枯死。在贮运期发病，则引起果实腐烂。

1. 发病症状

柑橘树脂病是一种真菌性病害，因发病部位和发病时期不同而异，可有流胶、干枯、沙皮、枯枝和褐色蒂腐等类型。

柑橘树脂病树干发病症状（潘文力　供）

柑橘树脂病发病叶片

（1）流胶和干枯　枝干受害一般表现这两种症状。病害大多发生在主干、主干分叉或受过冻伤的枝干上。温度不高、相对湿度大时，病部皮层呈灰褐色，稍下陷，渗出黄褐色黏液。高温干燥，树胶干后，转化为干枯型，病部树皮松裂、脱落，在皮层下产生大量的小黑粒。干枯型症状表现为病部流胶现象不明显，皮层红褐色，干枯而略下陷，微有裂缝，但皮层不立即脱落，在病健部交界处有一条明显隆起的界限，并有一条黄褐色或黑褐色的菌带。

（2）沙皮　嫩梢、新叶和幼果受树脂病菌为害后，病部上生许多黄褐色或黑褐色硬胶质的小疱点，散生或密集成疤块，引起沙皮症状。

（3）枯枝　生长衰弱或受冻害的枝条，受树脂病菌侵染后，其病部呈现明显的褐色病斑，病健部交界处常有小滴树脂渗出。严重时可使整个枝条枯死，在枯死枝条的表面散生无数黑色小粒点。

2. 发生条件

该病菌主要以菌丝、分生孢子器和分生孢子在病枯枝、病树干或病树皮上越冬。春季多雨潮湿时，越冬病菌开始大量繁殖，借风雨、露水和昆虫等传播到枝干、新梢、嫩叶和幼果上，这些组织的表面潮湿时，病菌即可萌发侵入。树脂病周年都有发生，但发病高峰期一般在 4—6 月和 9—10 月。

3. 防治措施

（1）农业防治　在秋季及采果前后及时而适当地增施肥料以增强树势。冬季温度较低的地区，要注意做好防寒工作。采果后及时施肥，低温降临前进行培土，霜冻前 2 周如遇干旱应及时灌水或铺草防冻，幼树应缠草绳、裹稻草或塑料薄膜防寒。早春剪除病枝、枯死枝烧毁。

（2）树干刷白　主干和大枝用涂白剂（生石灰 1 千克、食盐 50~100 克、水 4~5 千克）刷白，夏季可防日灼，冬季可降低树干的昼夜温差以减轻冻害。

（3）病树治疗　在春季发现初发病树，及早把病部刮除，然后用 50% 多菌灵可湿性粉剂 100~200 倍液、50% 托布津可湿性粉剂 100 倍液或加瑞农 200 倍液涂抹，杀菌防病，保护伤口，加速愈合。

（4）药剂防治　每年春芽萌发前喷 1 次 0.5% 波尔多液，落花

2/3 及幼果期各喷 1 次 50% 退菌特可湿性粉剂 600~800 倍液、50% 托布津可湿性粉剂 500~800 倍液或加瑞农 800 倍液进行防治。

八、柑橘黄斑病

柑橘黄斑病又称脂斑病，主要为害叶片，也侵害果实和小枝，是柑橘常见的落叶性病害，叶片发病后常引起大量落叶，对树势和产量影响很大。

柑橘黄斑病叶片症状

1. 发病症状

发病初期叶片背面病斑上出现褪绿小点，并在叶背面病斑上出现疱疹状淡黄色突起小粒点，随着病斑的扩展和老化，小粒点颜色加深，变成暗褐色至黑褐色的脂斑，与脂斑相对应的叶的正面形成不规则的黄色病斑，边缘不明显，中部有淡褐色至黑褐色的疱疹状小粒点。

2. 发生条件

柑橘黄斑病是一种真菌引起的病害。病菌生长适宜温度 25~30℃。病菌在病叶上越冬，翌年在温度适宜的条件下形成子囊壳释放大量的子囊孢子，通过风雨传播。在广东每年 4—6 月是病菌侵染的主要季节。病害发生与果园管理水平关系密切。肥水条件好、树势壮旺的柑橘园，病害发生较轻，落叶少；树势生长衰弱的柑橘园，病害发生比较严重，造成大量落叶。

3. 防治措施

（1）农业防治　冬季清园及时收集病落叶，集中烧毁，以减少病菌的侵染来源。增施有机肥料，促进树势壮旺，提高抗病能力。夏季雨水多，注意排灌；秋季雨量较少，要注意灌水。

（2）药剂防治　4—6 月是病害侵染的主要季节，也是药剂防治的主要时期。在落花 2/3 时喷药防治，梅雨季节前喷 1 次药防治，药剂可用 40% 多菌灵、百菌清混合胶悬液 250 倍液、50% 多菌灵可湿性粉剂 800~1 000 倍液、65% 代森锌可湿性粉剂 500 倍液或 50% 退菌特可湿性粉剂 600~800 倍液。

九、柑橘裙腐病

柑橘裙腐病又称柑橘脚腐病、柑橘疫霉病，被害植株主干基部皮层腐烂，叶片褪绿、枯黄，大量落叶，树势衰退，花多而不能正常挂果，影响品质和产量，甚至导致植株死亡。

柑橘裙腐病症状

1. 发病症状

柑橘裙腐病是由好气性疫霉菌引发的真菌性传染病。入侵植株枝、叶、茎、根等组织，导致组织腐烂并且不断扩大，形成变褐色病斑，天气潮湿时病部流出胶液，或引发斑状霉烂；干燥时病斑开裂结成块，引致植株根系腐烂，叶片褪绿、枯黄，脱落，甚至导致植株死亡。

2. 发生条件

柑橘裙腐病病原通过伤口、皮孔、气孔入侵，病菌的游动孢子会随雨水弹射和受污的水流扩散。高温多雨、地下水位高、排水不良及树皮受伤均有利于柑橘裙腐病的发生，种植时根颈被埋，嫁接口过低也易发病。带病株及受污的水源、土壤、垃圾等带菌机会大，是生产上的传染源。每年 4—9 月均可发病，发病高峰期在 6—9 月。

3. 防治措施

（1）农业防治　选择地势较高、排灌方便、水源干净、已与水田作物轮作的田地或旱地建园。水田园地采用大沟高基定植。种植时注意根颈不要被埋入土中。定植前果墩、果穴须经石灰、风干、暴晒等处理。种植不带病苗木。苗木用瑞毒霉·锰锌或乙磷铝锰锌等 50 倍液蘸根或 250 倍液浸根 30 分钟后再行定植。可改用枳等抗裙腐病品种做砧木。

（2）及时预防　防治天牛、吉丁虫等树干害虫，防止土壤干湿变化过大、肥料过浓且施用过近、耕作损伤树皮。

（3）治疗性防治　用刀先将病部刮干净，再涂上瑞毒霉·锰锌 50 倍液、1 ∶ 1 ∶ 10 波尔多浆或瑞毒霉·锰锌 50 倍液加胶体硫 5 倍液，也可用杀毒矾或乙磷铝锰锌 30 倍液等，隔 7 天处理 1 次，共 3 次。若病灶发生在主干和主枝，可包扎药物。因裙腐病引致树冠枯黄的，应及时将新梢剪除，回缩和疏剪树冠，只保留适量健康枝叶；挖开树蔸的覆土，露出根颈，剪掉烂根，用刀将病斑刮干净和在比病斑略大的范围每隔约 2 厘米纵刻 1 刀；涂上上述药物，隔 5~7 天后，回填干净河沙或火烧土，将伤口覆盖，并用瑞毒霉·锰锌 50 倍液加生根剂淋湿覆盖的河沙或火烧土等，然后用薄膜覆盖保湿处理，10 天左右再淋 1 次上述药物；长出新根后可结合根外追肥，用 0.3% 复合肥液加瑞毒霉·锰锌 500 倍液，每隔 10 天左右喷树冠和淋树盘，以促进根系发育和树势恢复。

十、柑橘青霉病和柑橘绿霉病

柑橘青霉病和柑橘绿霉病是柑橘果实运输贮藏期最重要的病害，各产区普遍发生。通过伤口侵入，引起腐烂，以后在病部又产生大量分生孢子进行重复侵染。

1. 发病症状

发病初期，青霉病和绿霉病状很相似，均于果面上产生水渍状病斑，果皮软化，水渍状褪色，用手轻压极易破裂；2~3 天后病斑表面中央长出白色霉状物即菌丝体，后于霉斑中央长出青色或绿色

柑橘青霉病

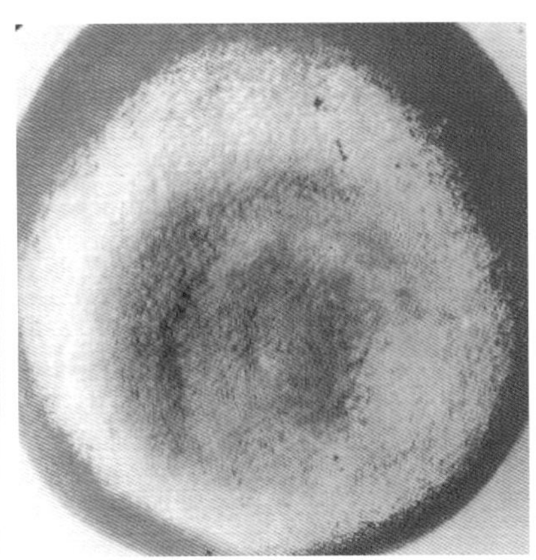

柑橘绿霉病

粉状霉，即分生孢子梗和分生孢子；边缘留一圈白色霉层带。后期，病斑深入果肉，引起全果腐烂。绿霉病的白色菌丝环较宽，而青霉病的白色菌丝环较窄，并很快变为绿色霉层和青色霉层，这是两种病害最明显的区别。

2. 发生条件

青霉病、绿霉病病菌均为弱寄生菌，都必须通过各种伤口才能入侵。这两种病原菌一般腐生于各种有机物上，产生分生孢子，借气流传播，通过伤口侵入，也可通过病健果接触传染。

3. 防治措施

（1）采前喷药保护　拟贮藏的果实采收前 10 天左右对树冠果实喷 70% 甲基托布津可湿性粉剂 1 200~1 500 倍液或 50% 多菌灵可湿性粉剂 1 000 倍液。

（2）挑出虫伤果，避免机械损伤　做好果实的采收、包装和运输工作，轻采轻放，避免果实遭受机械损伤，特别不能果柄留得过长和剪伤果皮；选择晴天采果，不宜在雨后、重雾或露水未干时采果。采收后的果实先进行清理，剔除虫伤果和机械损伤果，堆放在阴凉通风处预贮 4~6 天，使果皮变软后再入库贮藏。

（3）贮藏库及用具消毒　贮藏库与果箱、运输车箱一起用 50%

甲基硫菌灵可湿性粉剂200~400倍液或50%多菌灵可湿性粉剂200~400倍液消毒。贮藏库也可用10克/米^{3}的硫黄密闭熏蒸24小时，或用福尔马林40倍液，按30~50毫升/米^{3}进行喷雾。熏蒸、喷雾后密闭3~4天，然后打开通风，待药气散发后方可入库贮藏。贮藏所用的竹筐、竹篓、塑料箱和木条箱等包装用具内壁必须平整、洁净，竹筐、竹篓要垫衬软物。

（4）果实保鲜处理　拟贮藏的果实采收后立即用75%抑霉唑700倍液、45%特克多悬浮剂3 000~4 000倍液、25%戴挫霉乳油1 000~1 500倍液、40%百可得可湿性粉剂2 000倍液或50%施保功可湿性粉剂1 500~2 000倍液加50~100毫克/升的2,4-D浸果处理，既对青霉病、绿霉病防效显著，也能够促进剪口迅速愈合，保持果蒂新鲜。

（5）加强贮藏期管理，控制库房温湿度　贮藏期间温度控制在4~8℃，空气相对湿度控制在80%~85%，并注意通风换气。

第三节　主要虫害及其防治

一、柑橘红蜘蛛

柑橘红蜘蛛又名全爪螨、瘤皮红蜘蛛，是柑橘的主要害虫之一。成螨、若螨群集叶片、嫩梢、花和果实上，以口器刺破寄主叶片表皮吸食汁液，被害叶面呈现无数灰白色小斑点，失去光泽，严重时全叶失绿变成灰白色，造成大量落叶，亦

柑橘红蜘蛛为害的叶面呈现灰白色小斑点

能为害果实及绿色枝梢，影响树势和产量。

1. 生活习性

柑橘红蜘蛛成螨形似蜘蛛，椭圆形，体长 0.3~0.4 毫米，暗红色。柑橘红蜘蛛全年均可发生，在果园的发生程度与气候、天敌、物候期及人为因素有关。在广东一年发生 20 代以上，世代重叠，以卵或成螨在叶背或枝条芽缝中越冬。每年 3 月虫口开始活动，迁移至春梢为害，4 月开始盛发。4—5 月的柑橘春梢期和 9—10 月的秋梢期是柑橘红蜘蛛两个盛发期。春季高温干旱少雨，最适合越冬卵的孵化和成螨活动与产卵。

2. 防治措施

（1）农业防治　冬季清园可以降低越冬的虫口基数；改善果园环境，可以恶化红蜘蛛的营养条件，有利于增加果园天敌的数量。红蜘蛛的天敌大多喜欢温暖潮湿环境，而在果园树冠外保留或种植藿香蓟等浅根性杂草，有利于改善果园环境，调节柑橘园的温湿度，助长天敌活动，使红蜘蛛的克星——芽枝霉菌得以繁衍、寄生，也有利于柑橘园建立长期、稳定的捕食螨群落以控制红蜘蛛的发生；同时又可降低盛夏期间果园土壤的温度，有利于柑橘根系正常生长，提高树体的抗、耐病虫能力。

（2）生物防治　红蜘蛛的天敌种类很多，主要有瓢虫、捕食螨、草蛉、隐翅虫、芽枝霉菌等。钝绥螨每天能捕食红蜘蛛 10 头以上，一生能捕食 200~500 头。因此，对果园内的天敌要注意保护。也可人工释放捕食螨，利用捕食螨等红蜘蛛的天敌，“以螨治螨”是防治柑橘红蜘蛛的重要措施。每年 4 月红蜘蛛盛发期到来前挂放捕食螨，每树挂 1 袋（1 000 头）。同时注意保留或种植藿香蓟等浅根性杂草，提供捕食螨的适宜食料，有利于柑橘园建立长期、稳定的捕食螨群落来控制红蜘蛛的发生。

（3）药剂防治　从春季发芽时开始，每 7~10 天调查植株 1 年生叶片 1 次，当螨、卵数达 200 头 /100 片叶或有螨叶达 50% 或芽长 1~2 厘米时，应及时喷药。开花后螨数达 600 头 /100 片叶时才喷药。红蜘蛛极易产生抗药性，因此切忌滥用、乱用化学农药，在使用化学药剂时要合理交替轮换，不要长期连续使用同一种药剂，以防止或延缓红蜘蛛产生抗药性。每种药剂一年内使用 1~2 次为宜。冬季成虫、若虫每叶总数达到 1 头左右，春、夏季每叶平均成虫、若虫总数达到 3 头左右时应进行药剂防治。可供选用的药剂有 20% 杀螨酯 800~1 000 倍液，20% 双甲脒、20% 倍乐霸、5% 尼索朗、50% 托尔克或 50% 螨代治 1 500~2 000 倍液，73% 克螨特 1 000~3 000 倍液或 20% 速螨酮 4 000 倍液。此外，乐果、马拉硫磷、亚胺硫磷、胶体硫、石油乳剂等也有很好的防治效果。特别是 0.25%~0.5% 苦楝油、1% 高脂膜对红蜘蛛效果良好，而对捕食螨等天敌的毒性很低。

采用农药防治时，不同时期要选择不同药剂，以免造成伤害。在开花前应选择非感温性药剂，如 5% 尼索朗 2 000~3 000 倍液、16% 螨天杀 2 000~3 000 倍液或 15% 哒螨酮 2 000 倍液。开花后选择 73% 克螨特 2 000~3 000 倍液、53% 螨必克 1 500 倍液、25% 单甲脒 1 500 倍液、20% 双甲脒 1 500 倍液、50% 苯丁锡 2 500 倍液、20% 三氯杀螨醇 800 倍液或 0.3~0.5 波美度石硫合剂喷雾。

二、柑橘锈蜘蛛

柑橘锈蜘蛛又称锈螨、锈壁虱，是为害柑橘的另一种害螨。以成螨、若螨群集于果皮、叶背和嫩芽上刺吸汁液。果皮油胞受刺伤后流出油脂，与空气接触后氧化变黑褐色，且果皮布满龟裂状细纹，称之为“黑皮果”，叶片受害后向上微

果实被锈蜘蛛为害后产生黑皮果

卷，叶背呈烟熏黄色或锈褐色，造成大量落叶，影响树势。

1. 生活习性

柑橘锈蜘蛛成螨体极小，肉眼不易见。在广东一年发生18~24代，繁殖力强，夏、秋季1个月可发生3个世代，7—9月为为害高峰期，到采果前甚至收果后还会为害。该虫以卵和部分成螨在叶背面主脉两侧及枝条缝隙中越冬，从3月上旬开始活动，4—5月迁移至幼果上繁殖为害，形成第1次为害高峰；夏、秋季高温干旱，有利于锈蜘蛛的生长繁殖，虫口密度大，形成第2次为害高峰。锈蜘蛛的天敌有多毛菌、具瘤长须螨、蓟马等，以多毛菌作用较大。

2. 防治措施

（1）农业防治　结合清园合理修剪，防止树冠过度荫蔽。加强肥水管理，增强树势。

（2）生物防治　可通过在柑橘园保留浅根、良性杂草如藿香蓟或旋扭山绿豆等或种植绿肥等覆盖植物，为天敌的繁殖创造有利条件。在锈蜘蛛大发生的夏、秋季，应尽量避免使用波尔多液等含铜杀菌剂。

（3）药剂防治　加强虫情检查，检查春梢叶背或幼果背面，特别注意下垂的内膛果，平均有锈蜘蛛2~3头或叶片、幼果上出现微黄色尘粉时，应立即进行药剂防治。防治锈蜘蛛的药剂可参照防治柑橘红蜘蛛的药剂。此外，还可选用多毛菌菌粉（每克7万菌落）300~400倍液、50%托尔克可湿性粉剂1 500~1 800倍液或石硫合剂（春季0.3~0.4波美度、冬季0.8~1波美度）。高温干旱时不宜使用硫制剂，以免加剧日灼病。

三、柑橘介壳虫类

柑橘介壳虫种类很多，主要有吹绵蚧、蜡粉蚧、矢尖蚧、红蜡蚧、褐圆蚧、红圆蚧等。介壳虫主要群集在嫩梢、新叶、幼果上吸食汁液，造成新梢生长不良，枝叶扭曲，叶片褪绿变黄，被害果实小而品质变劣，削弱树势，严重时造成大量枯枝，甚至全株死亡，还会诱发煤烟病。

红蜡蚧

吹绵蚧

矢尖蚧

1. 生活习性

大多数柑橘介壳虫在广东一年发生3~6代，以成虫或介壳内的卵在枝条上越冬。翌年3—4月第1代幼蚧主要为害叶片和枝条，第2代后逐步迁移到果实、枝条为害，以4—6月和9—11月发生量最大，严重时果实、枝条和叶片表面布满介壳。柑橘介壳虫的天敌主要有瓢虫、寄生蜂、草蛉、寄生菌红霉菌等，以寄生蜂的抑制作用最大，因此，应注意保护果园内的天敌。冬季清园可以降低越冬的虫口基数。

2. 防治措施

（1）农业防治　剪除过密阴生枝条，改善通风透光条件；剪除受害重的枝叶集中烧毁。修剪后结合防治红蜘蛛喷药清园。

（2）生物防治　保护果园内的瓢虫、草蛉等天敌，释放寄生蜂、寄生菌红霉菌等，以起抑制作用。

（3）检疫防治　防止带虫苗木和接穗进入，引进的苗木和接穗宜喷48%乐斯本800~1 000倍液或40%速扑杀1 200倍液。

（4）药剂防治　若虫盛孵期（5—6月）喷施40%水胺硫磷

800~1 000倍液、25%马拉硫磷1 000~1 500倍液、25%喹硫磷800~1 000倍液、40%乐果1 000倍液、48%乐斯本1 000~1 500倍液或40%速扑杀1 000~1 500倍液。

四、柑橘蚜虫

柑橘蚜虫是为害柑橘新梢的害虫，以成虫和若虫群集在新梢上吮吸汁液，被害新梢嫩叶卷曲、皱缩，节间缩短，不能正常伸展，严重时引起落果及大量新梢无法抽出，不但当年减产，还会影响翌年产量，蚜虫排泄的蜜露能诱发煤烟病，影响叶片光合作用，削弱树势。

柑橘蚜虫为害叶片

1. 生活习性

柑橘蚜虫在广东一年发生10余代，世代重叠，繁殖的最适温度为24~27℃，晚春和晚秋繁殖最旺盛，夏季高温对其繁殖不利，干旱条件下发生重。

2. 防治措施

（1）生物防治　注意保护利用天敌，如七星瓢虫、月瓢虫等多种瓢虫。

（2）农业防治　剪除被害枝条，清除越冬卵。

（3）物理防治　用色彩板诱杀蚜虫。

（4）药剂防治　在嫩梢上发现有无翅蚜为害时应开始防治。可选用20%吡虫啉可湿性粉剂2 000~3 000倍液、20%好年冬乳油2 000~3 000倍液、10%烟碱乳油500~800倍液、2.5%鱼藤酮乳油400~500倍液、3%啶虫脒乳油（莫比朗）2 500~3 000倍液、5%啶虫脒可湿性粉剂4 000倍液、40%速扑杀乳油1 000~1 500倍液或25%阿克泰水分散颗粒剂5 000~6 000倍液。

五、潜叶蛾

潜叶蛾俗称鬼画符，是为害柑橘新梢的重要害虫。潜叶蛾以幼虫在柑橘嫩梢、嫩叶表皮下钻蛀为害，蛀食叶肉和汁液，形成白色的弯曲隧道，受害叶片卷曲或变硬，早落，新梢生长受阻，影响树势及果实产量。以夏梢、秋梢期受害最重。另外，该虫的为害还可增加柑橘溃疡病病菌的侵染机会。

潜叶蛾嫩叶表皮下钻蛀为害，形成白色的弯曲隧道

1. 生活习性

潜叶蛾成虫银白色，体长约2毫米，后翅边缘有较长缘毛。在广东一年发生12~15代，主要以蛹在叶片边缘越冬，多产卵于嫩叶的叶背叶脉附近，幼虫孵化后即潜入嫩叶和新梢表皮为害，成熟后卷褶嫩叶的叶缘化蛹。夏、秋梢期为潜叶蛾为害高峰。

2. 防治措施

（1）农业防治　夏秋季进行抹芽控梢，及时抹除零星抽吐的嫩芽新梢，以切断潜叶蛾幼虫的食物来源，降低虫口密度。在全园有70%~80%的植株抽梢，每株树有70%~80%的枝条抽梢时，进行统一放梢。

（2）物理防治　黄色荧光灯或光控杀虫灯诱杀。

（3）药剂防治　嫩叶受害率达5%时或多数嫩芽0.5~2.0厘米长时及时喷药，一般需要连续喷药2~3次。第1次喷药在新梢萌发后3~4天，第2次喷药在第1次喷药后的5~6天，第3次喷药在第2次喷药后的7~8天。防治柑橘潜叶蛾的药剂有98%巴丹可湿性粉剂1 500~2 000倍液、24%万灵乳油1 500~2 000倍液、20%

灭幼脲1号悬浮剂3 000~4 000倍液、20%好年冬乳油2 000~3 000倍液、2.5%溴氰菊酯乳油3 000~4 000倍液、2.5%功夫乳油3 000~4 000倍液等。

六、柑橘木虱

柑橘木虱是为害柑橘新梢的害虫，也是柑橘黄龙病田间传播的唯一自然媒介。成虫、若虫均聚集柑橘嫩芽上，吸食汁液，被害芽生长受阻，叶多卷曲不能正常发育。如果防治不及时，会使柑橘叶片卷曲，不能正常伸展，造成严重减产。

柑橘木虱成虫

1. 生活习性

柑橘木虱在广东一年发生8~14代，世代重叠，全年均可见各期虫态，主要以成虫在叶背越冬，翌年3—4月在新梢上产卵，以后虫口密度渐增，一头木虱雌虫能产卵300~800粒，卵期为4~6天，若虫5龄，各龄期多为3~4天，自卵至成虫需时15~17天，成虫寿命达1个月。成虫取食时头部下俯，腹部翘起成45°角，若虫取食后，其排泄物附在腹末，成一长条，卵产于嫩叶或嫩茎上，聚集不定。

2. 防治措施

（1）农业防治　加强栽培管理，清除枯枝落叶及杂草，挖除病树或弱树，减少虫源；统一放梢，使枝梢集中抽发整齐，减少木虱食料和产卵繁殖场所。

（2）引诱和驱避　由于柑橘木虱对九里香植物非常敏感，一闻到它的气味，就会聚居到上面，因此可在果园种植九里香，然后在其上面灌上内吸性的杀木虱药剂，木虱聚居到上面取食后，就被毒死。或者在柑橘园里面种植番石榴，由于番石榴对柑橘木虱有很好的驱避作用，可将木虱驱出橘园。由于橘小实蝇对番石榴有较大的偏好性，因此柑橘园里种植番石榴要特别注意防治橘小实蝇。

（3）药剂防治　在果实采收之后、冬春清园和新梢期喷药。药剂有20%氰戊菊酯乳油2 000倍液、2.5%溴氰菊酯乳油2 000~3 000倍液、99.8%绿颖200~250倍液加5%阿维菌素8 000倍液、10%吡虫啉可湿性粉剂3 000倍液、1.8%虫螨光乳油3 000倍液、20%好年冬乳油2 000倍液、80%敌敌畏乳油800~1 000倍液或25%扑虱灵乳油1 000倍液等。

七、橘小实蝇

橘小实蝇是国内检疫性害虫，除柑橘外，能为害200多种水果、蔬菜等农作物。幼虫孵出后即在果内取食为害，被害果变黄早落，即使不落，其果肉也必腐烂不堪食用，对果实产量和质量贻害极大。

橘小实蝇成虫

挂诱杀瓶诱杀橘小实蝇成虫

1. 生活习性

橘小实蝇在华南地区一年发生3~5代，无明显的越冬现象，世代重叠。成虫羽化后需要经历较长时间的补充营养（夏季10~20天，秋季25~30天，冬季3~4个月）才能交配产卵。卵产于将近成熟的果皮内，每处5~10粒。每头雌虫产卵量400~1 000粒。卵期夏、秋季1~2天，冬季3~6天。幼虫期在夏、秋季需7~12天，冬季13~20天。老熟后脱果入土化蛹，深度3~7厘米。蛹期夏、秋季8~14天，冬季15~20天。卵和幼虫可通过受害果品和蔬菜随国内外贸易、交通运输、旅游等人类活动远距离传播扩散，蛹随苗木的运输、成虫随河流或飞行也可较长距离传播。橘小实蝇特别喜欢在软熟的水果表皮产卵，幼虫在果实为害造成落果。

2. 防治措施

（1）严格检疫　严防幼虫随果实或蛹随园土传播，一旦发现疫情，可用溴甲烷熏蒸。

（2）人工防治　随时捡拾虫害落果，摘除树上的虫害果一并烧毁或投入粪池沤浸。但切勿浅埋，以免害虫继续羽化。

（3）地面施药　于幼虫入土化蛹或成虫羽化的始盛期用50%马拉硫磷乳油或50%二嗪农乳油1 000倍液喷洒果园地面，每隔7天喷施1次，连喷2~3次。

（4）诱杀成虫　目前较为简便、省钱、有效的防治措施是挂诱杀瓶诱杀成虫。每亩诱捕器3~4个，挂于树上离地约1.5米处诱杀雄成虫，每隔15天于诱捕器内的药棉中加入1.5~2毫升性诱杀药。

（5）杀灭幼虫　将受害果按25千克加0.5千克3%辛硫磷颗粒剂的比例拌匀后用袋密封10天，杀死果内幼虫；也可用沸水烫果、深埋、焚烧等方法杀灭幼虫。

（6）药剂防治　用爱美乐或马拉硫磷加水解蛋白（取酵母蛋白1千克、25%马拉硫磷可湿性粉剂3千克，兑水700千克）在成虫发生期喷雾树冠，或用红糖毒饵（在90%敌百虫1 000倍液中，加

3% 的红糖）喷洒树冠浓密荫蔽处，每隔 5 天喷施 1 次，连喷 3~4 次。

（7）果实套袋　柑橘果实套袋保果效果和防虫效果几乎达到 100%。套袋适期在柑橘果实软化转色期前，即橘小实蝇田间（雌）成虫产卵前。柑橘果实套袋对柑橘果实的糖度有一定影响，套袋材料选白色纸袋为好。但春甜橘果实小，数量多，采用套袋方法保护操作难度大，费工、费力。

八、柑橘黑刺粉虱

柑橘黑刺粉虱主要以若虫聚集在叶片背面吸食汁液为害，叶被害处黄化，严重的造成叶片畸形和落叶，引起枯梢，果实生长缓慢。叶被害后能分泌蜜露，诱发煤烟病，导致枝叶发黑脱落，树势衰弱，严重影响树势、产量和果实品质。

柑橘黑刺粉虱

1. 生活习性

柑橘黑刺粉虱虫体小，若虫 3 龄，体长 0.7 毫米，椭圆形；成虫体橙黄色至褐色，薄被白粉，翅 2 对。柑橘粉虱在广东一年发生 6 代，以 2~3 龄若虫在叶背越冬，翌年 2 月下旬开始陆续化蛹，3 月上中旬成虫羽化、产卵。第 1~2 代发生比较整齐，第 3~4 代不齐。栽植密度大，树冠内膛郁闭，黑刺粉虱容易暴发成灾。

2. 防治措施

（1）农业防治　修剪清园，剪除过密枝梢和病虫梢，改善通风条件，压低虫口基数。修剪后喷 48% 乐斯本 800~1 000 倍液，或 99.1% 敌死虫乳油 150~200 倍液清园。

（2）生物防治　黑刺粉虱若虫的天敌有捕食性瓢虫、草蛉、刺粉虱黑蜂等。在用药较少的橘园，寄生蜂寄生率达 80% 以上。在 1 头黑刺粉虱蛹内可羽化寄生蜂 1~4 头，其羽化期与黑刺粉虱 1~2 龄若虫盛发期基本吻合。因此，发现较多的黑刺粉虱蛹背上有寄生蜂圆形羽化孔时，橘园应避免用药。另外，要加强对捕食性瓢虫、草蛉等天敌的保护。

（3）药剂防治　在 1~2 龄若虫期盛发期及时喷药。可选用 48% 乐斯本 1 000~1 500 倍液、40% 速扑杀乳油 1 000~1 500 倍液、25% 阿克泰水分散颗粒剂 5 000~6 000 倍液、25% 扑虱灵可湿性粉剂 1 500~2 000 倍液或机油乳剂 200~250 倍液。

九、蜗牛

蜗牛主要为害柑橘新梢、嫩叶和幼果。嫩梢被害后呈青色枯死；嫩叶被咬食成网状孔洞，边缘组织呈坏死状；幼果被害处组织坏死，呈凹陷状，成熟后成为畸形果，严重影响果实外观和品质。

蜗牛及其为害柑橘叶片症状

1. 生活习性

一年发生 2 代，以成螺在草丛、落叶、树皮下和土石块下越冬。

2. 防治措施

（1）果园养鸡　果园养鸡，鸡能啄食蜗牛，每只鸡每天能食蜗牛 200 头以上，鸡粪又能提高果园肥力，养鸡还能增加果农收入，一举多得。

（2）撒施生石灰　晴天傍晚，在树盘下绕主干撒一层厚 1 厘米左右的生石灰，蜗牛晚上出来活动接触石灰而死。在树干根颈部绕主干撒施磷肥或茶饼粉等，利用蜗牛对其的忌避作用，防止蜗牛从主干爬到树上。

（3）人工防治　蜗牛白天躲在叶背或树干背光处，可进行人工捕捉，或结合修剪人工捕捉。

（4）农业防治　产卵盛期进行中耕，使卵暴露，经暴晒后死亡。在蜗牛发生较严重的地方，冬、春季和秋季中翻耕施肥时留一小块杂草地，引诱蜗牛，然后集中消灭。

（5）药剂防治　药剂防治应在蜗牛大量出现又未交配产卵的4月上中旬和大量上树前的5月中下旬进行。施药方法有：

①制毒饵诱杀。用蜗牛敌（多聚乙醛）与碎豆饼或玉米粉配成含2.5%有效成分的毒饵，于傍晚施于橘园内诱杀。

②土面及树干喷洒。上午8:00前及下午6:00后，对土面及树干喷洒1%~5%的食盐溶液或1%的菜籽饼浸出液或氨水700倍液。

十、柑橘凤蝶

广东为害柑橘最常见的凤蝶主要有玉带凤蝶、黄花凤蝶、乌凤蝶等，以幼虫咬食叶片和新梢，严重时吃光新梢叶片，是柑橘苗木和幼树的重要害虫。

1. 生活习性

玉带凤蝶和黄花凤蝶在广东一年发生6代，世代重叠，以蛹在叶背或枝条上越冬。

柑橘凤蝶幼虫

柑橘凤蝶成虫

2. 防治措施

（1）人工防治　田间遇到各虫态的害虫可随时人工捕捉杀死。

（2）生物防治　喷洒青虫菌或 Bt 乳剂 1 000 倍液防治低龄幼虫。

（3）药剂防治　供选用的药剂有 80% 敌敌畏乳油或 90% 敌百虫 1 000 倍液、50% 辛硫磷 1 000 倍液、45% 马拉硫磷 1 000 倍液、18% 杀虫双水剂 600 倍液等。

十一、金龟子类

为害柑橘的金龟子主要有铜绿金龟子、褐金龟子、茶色金龟子、花潜金龟子等。金龟子以成虫咬食植株嫩叶、花、幼果，白天潜回土中或静止于叶间，黄昏后进行交尾和取食。幼虫称蛴螬，主要生活于土中咬食树根。

金龟子成虫

1. 生活习性

金龟子一年发生 1 代或 2 代，以幼虫在果园、农田、荒地土壤中越冬，卵多产于表土中，孵化的幼虫在土中为害根茎，5—7 月是为害盛发期，10 月后潜入土壤中越冬。金龟子有假死性及趋光性。

2. 防治措施

（1）人工防治　在金龟子盛发期，利用其假死性，摇动树身，抖落成虫。在闷热天气的傍晚，持火把或手电筒捕捉成虫。

（2）农业防治　冬季深翻土壤，杀死幼虫和成虫。

（3）物理防治　利用金龟子趋光性的特性，使用黑光灯、电灯、火堆诱杀成虫，也可用黄色荧光灯或光控杀虫灯诱杀。

（4）药剂防治　在成虫盛发期，用 50% 辛硫磷乳油 500~800 倍液喷地面。在成虫上树时期，在傍晚用 90% 晶体敌百虫 800 倍液、2.5% 敌杀死乳油 3 000~4 000 倍液、80% 敌敌畏乳油 600~800 倍液喷树冠杀成虫。对地下蛴螬，可用 50% 辛硫磷乳油 500~800 倍液淋施。

十二、吸果夜蛾

吸果夜蛾种类比较多，为害柑橘的吸果夜蛾主要包括嘴壶夜蛾、鸟嘴壶夜蛾等，食性杂，能为害多种果实，是柑橘成熟期的重要害虫。吸果夜蛾成虫以其口器刺破果皮，吸食果汁。果实受害处有刺吸痕，数天后形成软腐状褐斑，失去食用价值，引起严重落果。

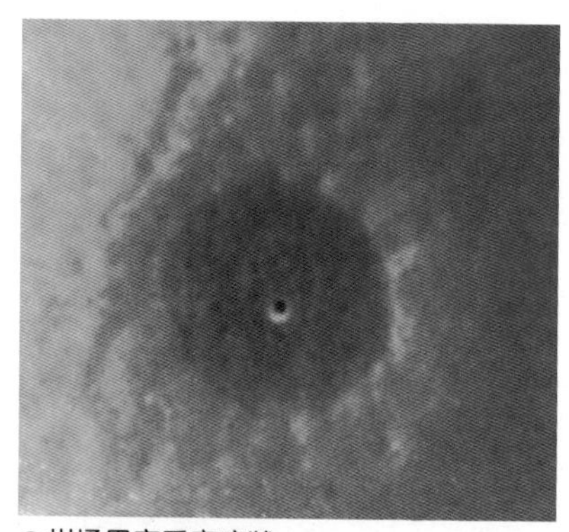

柑橘果实受害症状

1. 生活习性

嘴壶夜蛾在广东一年发生 5~6 代，世代重叠，在果园附近灌木林中的防己科植物丛中越冬。

2. 防治措施

（1）人工防治　在果实成熟期，可用甜瓜切成小块，并悬挂在果园，引诱成虫取食，夜间进行捕杀。在果实被害初期，选择闷热无风、晴天的晚上，将烂果堆放园中诱捕，或在晚上用手电筒照射进行捕杀成虫，最佳的时间是晚上 10:00 至凌晨 4:00。

（2）物理防治　每 10 亩果园设置黑光灯、黄色荧光灯或其他黄色灯 5~6 支，以超出树冠 2 米为准，拒避吸果夜蛾。

（3）药剂防治　用吸水性好的纸，剪成约 5 厘米 ×6 厘米的小块，滴上香茅油，于傍晚挂出树冠外围，每株挂 5~10 片，次晨收回放入塑料袋密封保存，次日晚上加滴香茅油后继续挂出，依次进行直至收果。用烂果果肉浸于 90% 晶体敌百虫 20 倍液中，经 10 分钟后取出，于傍晚挂在树冠上，对健果、坏果兼食的吸果夜蛾有一定的诱杀作用，或用糖醋液加 90% 晶体敌百虫作诱杀剂，放在果园诱杀成蛾。

十三、花蕾蛆

花蕾蛆是柑橘花期的主要害虫之一，在柑橘产区均有发生。成虫在小花蕾上产卵，幼虫孵化后在花蕾内取食，受害花蕾短而粗圆，花瓣浅绿色，雌蕊、雄蕊畸形，花柱变短，子房变扁，不能够完成授粉受精，甚至不能够正常开花。

1. 生活习性

花蕾蛆一年发生 1 代，成虫在 2 月中下旬开始现蕾时从土壤中羽化出土上树，以细长的产卵管刺入花蕾内产卵，幼虫在花蕾内孵化取食，老熟后随受害花蕾脱落弹跳入土化蛹，以蛹在土中越冬。花蕾期多阴雨天气，虫害发生比较严重；冬季没有进行清园或清园不彻底的果园发生也比较严重。

2. 防治措施

（1）农业防治　冬季清园翻耕，早春压实地面，摘除受害花蕾并集中烧毁。

（2）地面喷药　花蕾现白前 1 周左右，成虫即将羽化出土时，中耕园土后进行地面喷药，可选用 90% 敌百虫 400 倍液、40% 水胺硫磷乳油 600 倍液、50% 辛硫磷 1 000~1 500 倍液或 2.5% 功夫 4 000~6 000 倍液等喷施地面 1~2 次。也可以地面撒施，每亩用 4.5% 甲敌粉 1 千克、10% 二嗪农 1 千克或 2.5% 甲基对硫磷 0.5 千克，拌细土 30 千克，撒施于树冠下或全园地面。

（3）树冠喷药　在多数花蕾刚现白（直径 2~3 毫米）时进行树冠喷药，药剂可选用 90% 敌百虫 800~1 000 倍液、50% 辛

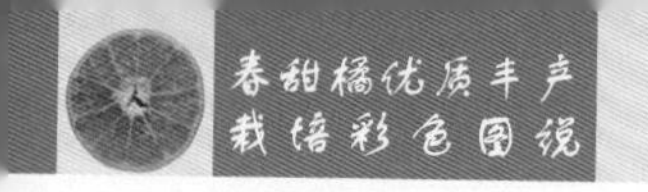

硫磷 1 000~1 500 倍液、5% 氯氰菊酯 300~5 000 倍液、80% 敌敌畏 800~1 000 倍液、25% 喹硫磷 1 000~1 500 倍液等，连喷 2~3 次。

第七章 果实采收与商品化处理

从1月下旬开始，春甜橘果实由青黄色转为橙黄色，进入采收期。春甜橘果实采收和采后商品化处理，包括采收、分级、包装、运输贮藏等，是生产中的最后环节，也是提高春甜橘果实商品性最重要的环节之一。确保采收质量和及时做好采后处理（果实保鲜、贮藏防腐等），直接关系当年生产的经济效益，务必切实做好此项工作。

第一节 果实采收

一、采前异常落果的预防

春甜橘临近采收时，常会因环境因素、管理因素及病虫害等出现异常落果，造成损失。

1. 采前异常落果发生的主要原因

①秋、冬季天气干燥，雨水少，植株缺水，或灌水太多，引起落果。

②果树挂果多、肥水供应不足。

③吸果夜蛾叮咬、感染炭疽病等病虫害影响。

④冬季低温冻伤果实。

春甜橘采前异常落果

2. 减少落果的主要措施

①保持土壤湿润，干草覆盖，减少水分蒸发。

②淋水时一次不可淋太多水。

③加强管理，增施有机肥。

④挂杀虫灯诱杀吸果夜蛾。

⑤喷施杀菌剂防治炭疽病等，在成熟前 1~2 个月内喷洒 1~2 次 50% 甲基托布津或多菌灵 1 000 倍液，或 50% 退菌特 700~800 倍液。

单株连架拉枝护果

植株中央立木杆拉枝护果

软绳拉枝护果

竹竿撑枝护果

二、采收

1. 适期采收

为了保证商品果的质量，要贯彻选黄留青、分批采收的原则，采收的成熟度应在九成以上，直至完熟，提早采收时品质差。短期贮藏的果实成熟度九成至九成五时采收，长期贮藏的果实成熟度八至九成时采收。春甜橘果实成熟正值寒冬季节，要密切注意天气变化。在发生冻害低温到来之前，采取保护措施，保护果实免受低温伤害，或抢采抢收，以保障丰产丰收。

2. 采前准备

采前对当年的产量要进行科学的预测，制订可行的采果计划，合理安排好劳力，准备好采收和运输工具，如果剪、采果梯、采果箱（筐）和车辆等。

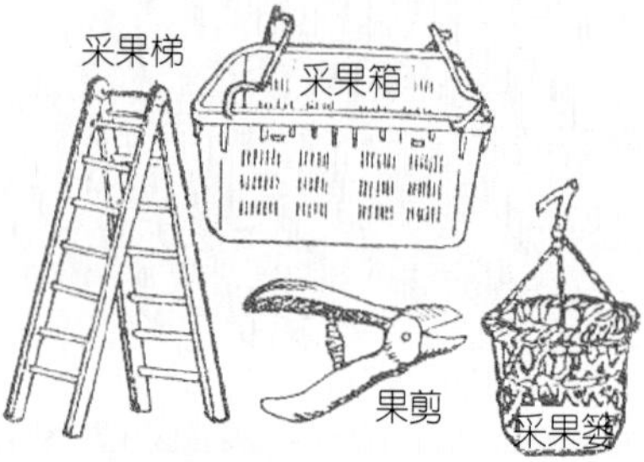

采果梯
采果箱
果剪
采果篓

果实采收工具

3. 采收条件

果实采收前 10 天左右应当停止灌（淋）水，雨天、大雾天气、大风天气及果实表面水分未干时不适宜采收，以保证果实品质，提高贮藏性能。

4. 采收方法

采果程序应是先外后内，先下后上，先熟先采。采果时要求采用复剪法采果，第 1 剪离果蒂 1 厘米处附近剪下，再齐果蒂剪第 2 剪（复剪），做到果蒂平整，保持萼片完整，果实之间不会相互碰伤。春甜橘果实成熟正值春节前后的销售旺季，市场需要果实带 2~3 片绿叶，即所谓的“叶橘”，鲜销果实可带 2~3 片叶采收，采后分级包装上市销售。采收这类果实时，在果柄带 2~3 片叶处剪下。但“叶橘”有果柄，容易在采收及贮藏运输过程中碰伤果皮而不耐贮存，因此“叶橘”应当快速运往市场销售。

5. 注意事项

①凡遇下雨、刮风、雾未散、露未干及霜未化的天气，不应采收。

②采收开始前应先将指甲剪平，以免指甲刺伤果实。

③长在树顶部或远处的果实，不要用手攀拉，以免拉伤果蒂，应使用采果梯按自上而下、从外到内顺序采摘。

④果实放入采果篓，必须轻拿轻放，采下的果实不随地堆放，

采果箱（筐）只装至九成满即可。

⑤采下的果实防止日晒雨淋，也不宜在露天过夜。

⑥运输过程中做到轻装轻卸。如用箩筐装果，叠筐时中间需隔木板，以免压伤果实。

果实采收后初步整理，剔除病虫果、烂果等，再运回进行商品化处理

6. 果品安全卫生指标

按照国家农业行业标准《无公害食品　柑橘（NY5014—2001）》规定的安全卫生指标要求，无公害果品应达到规定的安全卫生指标，具体要求见表 7-1。

表 7-1　果品安全卫生指标

通用名	指标 /（毫克·千克$^{-1}$）	通用名	指标 /（毫克·千克$^{-1}$）
砷	≤ 0.5	溴氰菊酯	≤ 0.1
铅	≤ 0.2	氰戊菊酯	≤ 2.0
汞	≤ 0.1	敌敌畏	≤ 0.2
甲基硫菌灵	≤ 10.1	乐果	≤ 2.0
毒死蜱	≤ 1.0	喹硫磷	≤ 0.5
杀扑磷	≤ 2.0	除虫脲	≤ 1.0

续表

通用名	指标 /（毫克·千克$^{-1}$）	通用名	指标 /（毫克·千克$^{-1}$）
氯氟氰菊酯	≤ 0.2	辛硫磷	≤ 0.05
氯氰菊酯	≤ 2.0	抗蚜威	≤ 0.5
百菌清	≤ 1.0	杀螟硫磷	≤ 0.5
除虫脲	≤ 1.0	亚胺硫磷	≤ 0.5
三唑酮	≤ 0.2	敌百虫	≤ 0.1
氯菊酯	≤ 2	多菌灵	≤ 0.5
倍硫磷	≤ 0.05	甲萘威	≤ 2.5
苯丁锡	≤ 5	四螨嗪	≤ 1
二嗪磷	≤ 0.5	乙酰甲胺磷	≤ 0.5

注：禁止使用的农药在果实中不得检出。本表未列出的农药残留限量，可根据需要增加检测，并按照有关规定执行。

第二节　果实商品化处理

无公害果品是我国果品市场准入的最基本要求，除在田间生产过程中应当符合国家有关规定外，在商品化处理过程中也应当按照国家有关规定做好各环节的工作。春甜橘果实采后要进行剔选，及时剔除腐烂果、伤残果、畸形果、病虫为害果等，然后进行洗涤、涂蜡、分级、包装等商品化处理。

一、果实洗涤

果实洗涤用水按照《生活饮用水卫生标准（GB5749—2006）》规定执行。在春甜橘的清洗液中一般加入少许清洁剂、防腐剂和植物生长调节剂等。使用各类杀菌剂进行保鲜处理，控制果实贮藏期真菌性病害，是目前最普通、最经济、最方便的有效措施。

1. 药剂的选择

药剂可选择 45% 扑霉灵 1 000~1 500 倍液、25% 施保克

500~1 000 倍液或 25% 戴唑霉 1 000 倍液，也可采用多菌灵、托布津、抑霉唑、噻菌灵 500~1 000 毫升 / 升，并加入 20 毫升 / 升赤霉素。“叶橘”采收后直接上市，一般不用药物处理。

2. 洗涤操作

果实采收当天进行洗涤，可采用手工清洗或机械清洗。果实清洗后应当尽快晾干或风干果面水分。采用自然通风晾干，可加装抽风、送风设备，加强库房的空气流通。如果使用热风干燥，热风不能超过 45℃，到果面基本干燥即可。

使用机械清洗、结合人工挑选果实

3. 注意事项

①药液现配现用，最好不要隔天使用。

②采果后立即用药液浸果，一般在采下 24 小时内处理完毕。

③药液浸果 1 分钟即捞出，尽快晾干或风干果面水分，可采用自然晾干或热风干燥。可在库房加通风换气设备，加速空气流通，热风干燥时库温应低于 45℃。

二、果蜡涂果

剥皮食用春甜橘所用蜡液和卫生指标按照 NY/T869—2004 的

规定执行。果实涂蜡时间可根据实际情况而定，可采后涂蜡，随即销售，也可在入贮前涂蜡，涂蜡后贮藏至销售，也可在出库时涂蜡。涂蜡前果面应当清洁、干燥。

涂蜡方法：当前国内多采用机械操作（涂蜡机涂蜡），主要方法有浸果法、喷果法和刷果法。机械操作效率高，处理果实数量大。机械洗果涂蜡的流程：原料—漂洗—清洁剂洗刷—清水淋洗刷—擦洗（干）—涂蜡（或喷涂杀菌剂）—抛光—烘干—选果—分级—装箱—成品。人工洗果涂蜡方法是用1%盐酸溶液洗果约1分钟，再用1%碳酸钠溶液洗果，然后用清水冲洗，晾干后用海绵或软布等蘸上加入防腐剂的蜡液均匀涂于果面。适用于数量少或带叶果实的处理。

三、果实分级

果实大小采用分级板或分级圈手工分级或机械分级。一般要求果实大小达到级别大小，但质量指标只达到下一个级别时，降一个等级。目前国内还没有批准颁布的春甜橘果实分级标准，春甜橘果实质量地方标准有关指标要求见表7–2和表7–3。产区可根据出口外销、内销或其他参考对果实的要求，将果实按大小、果品感官品质指标和理化指标进行分级。

❶ 采用机械对果实进行分级

表 7-2　春甜橘果实品质指标

项目	指　标
果形	果脐微凹、果形正、果底平、匀整度好、无损伤、无缺陷、无病虫害等
色泽	橙黄色、新鲜健壮、有光泽、油胞平、密度中等
口感	果肉嫩、爽口、果核少、水分含量适中、有蜜味

表 7-3　春甜橘果实理化指标分级

项　目	特级	1 级	2 级	3 级
单果重 / 克	≥ 70	60 ~ 69	50 ~ 59	40 ~ 49
可食率 /%	≥ 77	≥ 76	≥ 75	≥ 74
总糖（以葡萄糖计）/%	10 ~ 12			
可溶性固形物含量 /%	≥ 10			
总酸（以柠檬酸计）/%	0.2 ~ 0.5			
固酸比	≥ 30			
维生素 C 含量 /（毫克 · 100 毫升 $^{-1}$）	24 ~ 30			
农药残留物	按国家有关标准规定			

四、果品包装

柑橘果实包装的目的是为了在运输过程中使果实不受机械损伤、保持新鲜、避免散落和损失。按照市场需要，选择相应的包装，可选用大小适宜的纸箱、竹篓、塑料筐等作包装材料，外侧以清晰、不易褪色、无毒的图文形式标上商标、产品（品种）名称、执行的产品标准及编号、产地、等级、重量、采收日期、生产企业名称及地址等相关内容及防压、防水、防晒、轻放等标志。

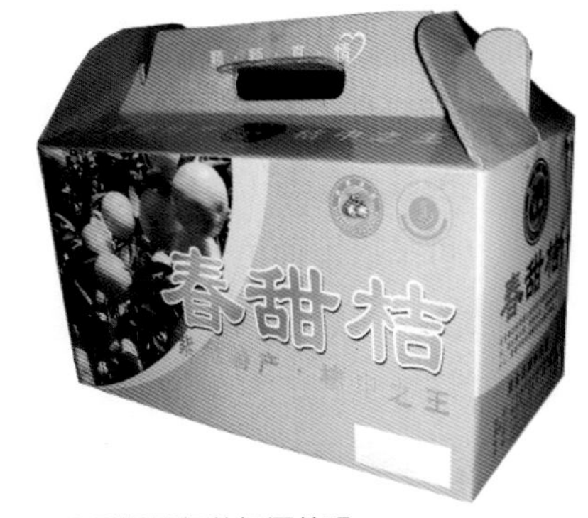

小型纸箱包装轻便美观

五、果品运输与贮藏

1. 运输

鲜果运输应轻装轻卸，不要重压。整个运输过程不与有毒、有害、有异味的物品混运，保持空气流通，防止日晒雨淋、虫蛀、鼠咬。运输工具保持清洁、干燥、无异味。运往我国北方地区的果实，需具有保暖设备，以防冻伤。

2. 贮藏

用于贮藏的鲜果，要求在果实采收前 10 天左右对树冠果实喷甲基托布津 600 倍液，防治采前病害。贮藏前，最好进行药剂保鲜处理，以提高果实贮藏性能。用于柑橘果实贮藏保鲜处理的药剂配方比较多，主要是以防腐剂和保鲜剂两类药剂混合处理，防止果实贮藏期间发病，控制果实的相关生化反应。一般可用真绿色 10 毫升加百可得 5 克加 2,4–D 2 克兑水 7.5 千克浸果，或百可得 5 克加扑霉灵 5 毫升加 2,4–D 2~3 克兑水 7.5~10 千克浸果。

果实贮藏方法一般有常温贮藏和冷库贮藏两类。

（1）常温贮藏　可以将保鲜处理过的鲜果用塑料水果筐、竹篓或带孔纸箱等包装，放在温湿度较为稳定的库房内贮藏。贮藏初期，库房内易出现高温、高湿，当外界气温低于库房内温度时，要敞开通风口通风，加速库房内气体交换，降低库房内温湿度。当气温低于 4℃时，关闭门窗，加强室内防寒保暖，午间通风换气。贮藏后期，当外界气温升至 20℃时，白天应紧闭通风口，早晚通风换气。当库房内相对湿度降到 80% 时，应加盖塑料薄膜保湿，也可采取地面洒水等方法，提高空气湿度。

（2）冷库贮藏　冷库贮藏是鲜果贮藏的先进方法，果实品质变化小，烂果少，贮藏期限长。进行冷库贮藏时，先将果实预冷 2~3 天，使果实温度达到 8℃。贮藏的鲜果装入贮藏箱内，放入冷库贮藏，保持库内温度 5~8℃，空气相对湿度 85%~90%。

参考文献

蔡明段，彭成绩，2008．柑橘病虫害原色图谱 [M]．广州：广东科技出版社．

陈杰忠，2008．果树栽培学各论（南方本）[M]．4 版．北京：中国农业出版社．

广东省农业科学院果树研究所，1996．广东柑橘图谱 [M]．广州：广东科技出版社．

黄志松，刘任浩，古道文，2008．紫金春甜橘丰产栽培技术 [J]．现代农业科技（20）．

简运先，2007．春甜橘之乡的故事 [J]．源流（10）．

李荣，韩冬梅，李建光，等，2008．春甜橘、柠檬和葡萄柚在广州地区的引种表现及栽培技术 [J]．广东农业科学（10）．

李荣，李建光，潘学文，2005．春甜橘夏秋季裂果原因及防裂措施研究 [J]．中国南方果树，3．

廖双发，毛顺华，2009．水田春甜橘矮密早丰栽培技术要点 [J]．南方园艺（6）．

潘文力，黄文东，2008．沙糖橘优质丰产栽培彩色图说 [M]．广州：广东科技出版社．

彭成绩，蔡明段，2010．现代柠檬栽培图说 [M]．北京：中国农业出版社．

彭成绩，蔡明段，2005．柑橘优质安全标准化生产百问百答 [M]．北京：中国农业出版社．

彭成绩，冯春添，陈成横，1986．柑橘春熟新株系——紫金春甜橘 [J]．中国南方果树，1．

沈兆敏，柴寿昌，2008．中国现代柑橘技术 [M]．北京：金盾出版社．

谭卫萍，刘锦红，曾继吾，2005．紫金县春甜橘的发展现状与对策研究 [J]．中国果业信息（12）．

张社南，刘升球，闫勇，等，2009．春甜橘在广西的引种表现初报 [J]．南方园艺（05）．

郑响明，2008．春甜橘答读者问 [J]．现代园艺（1）．

附录 I　春甜橘结果树栽培管理工作历

月份	物候期	中心工作	主要措施
1月	果实成熟期	果实采收	1. 预防采前落果，做好采果前准备。 2. 分批采果，恢复树势。
		修剪、清园	1. 春梢萌发 20 天前左右进行修剪。 2. 清园。结合修剪清除果园中病虫害枝、枯枝叶、杂草等，集中果园外烧毁；喷 0.8~1 波美度石硫合剂或氧氯化铜 500 倍液，防治越冬病虫害，降低病虫基数；人工摘除病叶、虫蛹；挖除病株。
	花芽分化期	促进花芽分化	1. 适当控水，控梢促花。在冬芽未出或刚出时喷控梢药剂控制冬芽。 2. 上月未环割的树，进行环割。 3. 喷叶面肥，采果前喷 1 次氨基酸糖磷脂或多微核苷酸等叶面肥，采果后至春梢萌发前喷 2~3 次。
		园地管理	1. 丘陵山地深翻改土。 2. 施采果前、后肥。 3. 松土、培土客土、施石灰。 4. 修整排灌系统，修补梯田。 5. 有冻害果园注意防寒。
2月	果实成熟末期	果实采收	继续完成果实采收，采收后灌水。
	春梢萌发期；花蕾发育期	促花、壮花	1. 喷施硼、锌、镁等营养元素叶面肥。 2. 疏除部分过多、畸形花蕾，或疏除纤弱结果枝。
		园地管理	1. 继续完成清园。 2. 施速效萌芽促花肥，以氮肥为主，配合磷肥。 3. 春旱及时灌水。 4. 喷药防治蚜虫、红蜘蛛、炭疽病等。
3月	春梢生长期	疏梢	1. 疏梢。按照“三去一”或“五除二”的比例，疏除部分过多、过密的营养春梢。 2. 生长健壮树短截或摘心，防止春梢生长过旺。
	花蕾期	壮花	1. 防止花蕾蛆等害虫，疏除部分过多、畸形花蕾。 2. 喷氨基酸糖磷脂 1 瓶或多微核苷酸 1 包加细胞激动素 1 包，兑水 50 千克，喷 1~2 次。

续表

月份	物候期	中心工作	主要措施
3月	初花期至盛花期	促进授粉	1. 花期放蜂，促进授粉，花期禁止喷药。 2. 阴雨摇花，久旱不雨喷清水。
		园地管理	1. 喷药防病虫：重点防治蚜虫、红蜘蛛、介壳虫、天牛、卷叶蛾、木虱、溃疡病、炭疽病、疮痂病等。 2. 多雨积水的及时排水，久旱不雨、叶片微卷则灌水防旱。 3. 施石灰。施谢花肥前 10 天趁阴雨天气撒施石灰，每株 500 克左右。
4月	盛花期至谢花期；幼果发育期；第 1 次生理落果期	保果	1. 施谢花肥，谢花 2/3 时施，以钾肥为主，适当控制氮肥。花少、壮旺树可以不施。 2. 喷药保果。谢花后第 1 次落果前喷赤霉素（九二〇），1 克兑水 20~25 千克；或谢花后 5~7 天喷保果壮果素，1 瓶兑水 20 千克，隔 15 天左右再喷 1 次。 3. 大枝环割保果。
		园地管理	1. 雨季来临，修沟排水，防止果园积水烂根。 2. 防治病虫害。重点防治红蜘蛛、锈蜘蛛、溃疡病、炭疽病等。
5月	第 2 次生理落果期；幼果发育期；夏梢萌发期	控夏梢，保果、壮果	1. 第 2 次生理落果前进行第 2 次大枝环割。 2. 继续喷施植物生长调节剂或叶面肥保果。 3. 控夏梢。夏芽 1~3 厘米长时人工摘除，3~4 天 1 次，直到放秋梢。面积大的果园也可用控（杀）梢药剂控夏梢。
		园地管理	1. 树盘防晒覆盖。 2. 及时排水积水。 3. 防治病虫害，特别注意锈蜘蛛防治。 4. 施钾肥壮果，促进幼果发育膨大；丘陵山地果园深翻压绿改土。
6月	夏梢期；小果膨大期；第 2 次生理落果期	控夏梢，保果、壮果，防裂果	1. 继续控夏梢。 2. 继续喷施植物生长调节剂或叶面肥保果。 3. 喷施防裂素及硼、钙、钾等营养元素叶面肥，预防裂果。
		园地管理	1. 结果多、叶色淡、夏芽少的树要适当补肥，其他树一般不施肥。 2. 丘陵山地果园深翻压绿改土。 3. 疏通排水沟，及时排积水，防止烂根。 4. 病虫害防治，尤其是粉虱、介壳虫、木虱、红蜘蛛、锈蜘蛛、溃疡病、炭疽病等。

续表

月份	物候期	中心工作	主要措施
7月	夏梢期；果实膨大期；裂果期	控夏梢，防裂果	1. 继续摘夏芽至放秋梢。 2. 及时排灌水，保持水分供应均衡，避免骤干骤湿，减少裂果。 3. 喷施防裂素等及硼、钙、钾等营养元素叶面肥，保持营养均衡，预防裂果。
		放秋梢，防治病虫害	1. 施秋梢肥。在放秋梢前15~20天施下，以充分腐熟的有机肥为主，配合速效氮肥和磷、钾肥。采用“一梢三肥”方式施用，以减少一次施肥过多而引起落果、裂果。 2. 防夏旱保湿。暴雨时期加强排水。 3. 夏剪。放梢前15天短截促秋梢，丰产树、老龄树在大暑到立秋前放秋梢。 4. 防病虫害。重点防治溃疡病、潜叶蛾、红蜘蛛、锈蜘蛛、卷叶蛾、凤蝶幼虫、蚜虫、木虱、介壳虫等。
8月	秋梢期；果实膨大期；裂果期	放秋梢	1. 继续抹芽控梢，放梢。放梢前抹1~2次芽，以利于秋芽整齐萌发。成年结果树、丰产树立秋前后放梢。 2. 继续夏剪促秋梢。壮旺树、幼年结果树在处暑前后放秋梢。 3. 遇秋旱灌（淋）水促梢。 4. 疏梢。放秋梢后“一开三”方式疏梢，每基梢留2~3条秋梢。
		防裂果	继续做好防裂果工作，保持水分供应均衡，特别要注意久旱降雨，喷施防裂果药剂护果。
		防病虫，防旱保湿	1. 防病虫保梢。同上月，一梢两药，即一次梢喷2次药。 2. 防旱保湿。遇秋旱灌（淋）水，树盘覆盖。
9月	秋梢转绿期；果实膨大期	壮梢壮果，防裂果	1. 施壮梢、壮果肥。在秋梢自剪后转绿期施，以有机肥为主，配合钾肥。 2. 喷施叶面肥。新梢转绿时喷含镁、硼、锌等的多种微量元素叶面肥，防止秋梢缺素症发生。 3. 继续做好防裂果工作。 4. 做好撑果准备工作。
		防病虫，防旱保湿	1. 防旱保湿，灌溉松土，覆盖。 2. 防病虫保梢。干旱期注意防治红蜘蛛，特别要注意锈蜘蛛转上秋梢为害。

续表

月份	物候期	中心工作	主要措施
10月	秋梢转绿老熟期；果实迅速膨大期	壮梢、壮果、护果	1. 壮梢。较迟放秋梢的果园，秋梢转绿期喷叶面肥促老熟。 2. 秋旱期间继续灌（淋）水，促进果实迅速膨大。 3. 适当施用磷、钾肥及叶面肥，提高果实品质。 4. 撑果。高产树立枝干或搭枝架撑果，防止枝条断裂。
		防治病虫害	防病虫护秋梢。同上月。
11月	果实迅速膨大期	壮梢、壮果	1. 继续撑果。 2. 壮梢。较迟放秋梢的果园，月初秋梢转绿期喷叶面肥促老熟。 3. 继续防旱，覆盖保湿，防止秋旱落叶。做好准备采收工作。 4. 适当淋施花生麸水或复合肥水，增加树体营养，以利于壮梢壮果和花芽分化。
	花芽生理分化始期	控冬梢、促花芽分化	1. 适当控水，促花芽分化。 2. 结合断根进行深翻改土施肥（丘陵山地）。 3. 控冬梢。青年结果树壮旺树采用控水、断根、环割或环扎等措施控冬梢、促花芽分化。 4. 喷施促花药剂，控梢促花。
		防治病虫害	1. 重点防治红蜘蛛、锈蜘蛛。 2. 树干涂白。
12月	果实转色始期；花芽生理分化和花芽形态分化始期	控冬梢、促花芽分化	1. 控水、断根、环割，促花芽分化。 2. 喷施促花药剂，控梢促花。
		恢复树势，保叶过冬，果实采收准备	1. 施采果肥，恢复树势。以充分腐熟有机肥为主，配合适量化肥。丰产树、叶色淡的树在采前7~10天施1次采前肥（复合肥），采果后施充分腐熟的有机肥如鸡粪，另加磷肥以及适量的复合肥。 2. 准备果实采收工作。
		防治病虫害	1. 重点防治红蜘蛛、锈蜘蛛。 2. 树干涂白。

附录Ⅱ　国家禁用和限用农药名录

一、禁止生产销售和使用的农药名单（41 种）

六六六、滴滴涕、毒杀芬、二溴氯丙烷、杀虫脒、二溴乙烷、除草醚、艾氏剂、狄氏剂、汞制剂、砷类、铅类、敌枯双、氟乙酰胺、甘氟、毒鼠强、氟乙酸钠、毒鼠硅、甲胺磷、甲基对硫磷、对硫磷、久效磷、磷胺、苯线磷、地虫硫磷、甲基硫环磷、磷化钙、磷化镁、磷化锌、硫线磷、蝇毒磷、治螟磷、特丁硫磷、氯磺隆、福美胂、福美甲胂、胺苯磺隆单剂、甲磺隆单剂	
百草枯水剂	自 2016 年 7 月 1 日起停止在国内销售和使用
胺苯磺隆复配制剂、甲磺隆复配制剂	自 2017 年 7 月 1 日起禁止在国内销售和使用

二、限制使用的 19 种农药

中文通用名	禁止使用范围
甲拌磷、甲基异柳磷、内吸磷、克百威、涕灭威、灭线磷、硫环磷、氯唑磷	蔬菜、果树、茶树、中草药材
水胺硫磷	柑橘树
灭多威	柑橘树、苹果树、茶树、十字花科蔬菜
硫丹	苹果树、茶树
溴甲烷	草莓、黄瓜
氧乐果	甘蓝、柑橘树
三氯杀螨醇	茶树
氰戊菊酯	茶树
丁酰肼（比久）	花生
氟虫腈	除卫生用、玉米等部分旱田种子包衣剂外的其他用途
毒死蜱、三唑磷	自 2016 年 12 月 31 日起，禁止在蔬菜上使用